打造新全球標準的亞洲商業模式

Business Models in Asia

台積電、鴻海、三星、小米……
從30家代表性企業的戰略
看懂翻轉世界的新勢力！

村山 宏　陳識中／譯

前言

現在是亞洲的時代，這句話流傳已久。目前亞洲國家的國內生產毛額（GDP）占全球的3成以上。亞洲經濟成長的背後，是一套不同於日美歐、獨具亞洲企業特色的商業模式。如今我們發現，日本企業已然連連敗給亞洲企業。日本習慣用歐美流的視角來觀察產業，結果遺漏了正在亞洲發生的變化。日本的商業模式一直都在追逐歐美的腳步。媒體上極少報導亞洲的商業資訊，以及亞洲企業的實力。身為一名新聞記者，筆者長期都對這種資訊的偏差感到遺憾。要讓日本企業在亞洲再顯榮光，就絕對不能不認識亞洲的商業模式。

筆者常把日本的國際新聞戲稱為「遣唐使新聞業」。因為日本人對其他國家的關注自遣唐使時代以來就總是過度偏重先進國家。古代遣唐使的任務是把當時的先進國家唐朝的文物帶回日本。而現代日本的報導也始終只專注在歐美先進國家的情勢。跟日本相反，英國早在19世紀起，報社和通訊社就在全世界布下資訊網路，不分先進地區或殖民地，大量為英國國民報導海外的資訊。即使身在倫敦，除了能了解歐洲情勢，也能清楚中東乃至非洲的局勢，甚至連遙遠的上海發生的事情都能掌握。

除此之外，日本的新聞業還有一個缺點，那就是訊息發布能力太弱。現代的網路十分發達，只要有心調查，任何人都能輕易獲得超出所需的當地資訊。比起蒐集資訊的能力，如何整理資訊使其成為有用的資訊並對外發布，反而比什麼都重要。日本人之所以不了解亞洲的商業模式，有一部分的原因出自包含筆者在內的日本媒體的訊息發布能力太弱。而以英國《金融時報》（Financial Times，簡稱ＦＴ）為代表的英國新聞業，就很善於分析蒐集而來的資訊，然後向全球發布。

筆者任職的日本經濟新聞社也因應時代變化，在２０１３年時創設「アジアＢｉｚ（亞洲商業）」版面，嘗試為讀者提供亞洲的商業資訊。筆者也有幸參與了アジアＢｉｚ的創設，希望能為革除新聞業的遣唐使文化貢獻一分心力。然而，問題仍然存在。這個專欄還是沒能把取得的亞洲商業資訊用淺顯易懂的方式發布給大眾。依然到處都能聽到「不了解亞洲的商業模式」的抱怨。自那以來，筆者就一直在思考有沒有什麼好方法可以幫助讀者綜覽亞洲的商業模式，最後便有了這本書的誕生。

２０２１年10月

村山　宏

打造新全球標準的亞洲商業模式——目次

序章 亞洲企業的實力

世界的GDP有3成來自亞洲

首先我想從確認亞洲經濟目前的地位開始。根據國際貨幣基金組織（IMF）的資料，2020年全球國內生產毛額（GDP）達84兆5400億美元（約新台幣2500兆元）。其中亞洲太平洋地區（不包含中東地區，但包含太平洋的島國和大洋洲，簡稱亞太地區）為31兆6300億美元，占全體的37%。即便扣掉日本也有31%，顯示全球的附加價值有超過3成是由亞洲產出（圖序－1）。

1980年亞太地區的GDP占比只有21%，且其中一半來自日本。扣掉日本後，亞洲的GDP只占全球總額的1成左右。2000年時這個數字攀升到27%，但扣掉日本依然只有1成多一點。然而僅僅20年左右的時間，亞太地區的比率已經超過3成。儘管中國的發展大幅拉高了占比，但印度和東南亞也確實為GDP的增加都有貢獻。

1980年的時候，只要是在日本國內市場占有率排在前幾名的企業，即便是沒有向歐美外銷產品的內需型產業，也會被視為亞洲的龍頭企業。因為亞洲的GDP有一半

圖序－1　世界的GDP

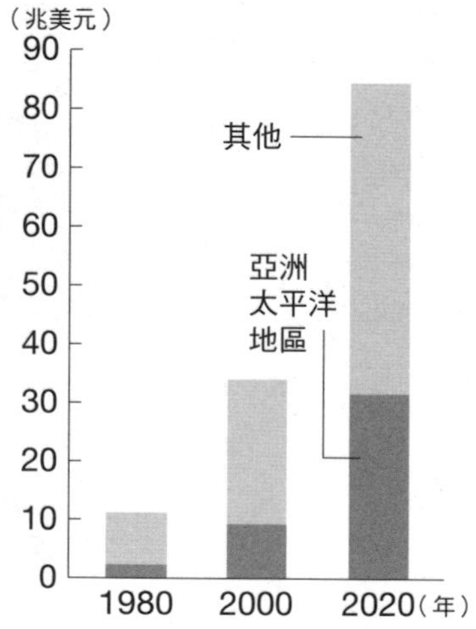

［出處］IMF
［註］以市場匯率為準

來自日本。然而到了2020年，日本的GDP已經只剩亞太地區的16％左右，且在日本國內不論有多麼傲人的規模，也不見得能排進亞洲的龍頭企業。不僅如此，亞洲企業在歐美市場的占有率猶在成長，這使得外銷型的日本企業陷入了防勢。

規模已超越日本企業

比起獲利，營收更能反映出一間企業對社會的影響力大小。因為營業額愈大，牽連到的人、物、資金、企業也愈多。綜覽美國《財星》雜誌（Fortune）的企業營收排名（2021年8月公布，前一年度的業績排行），前幾名完全被美國和中國企業一手包辦。中國的國有企業雖然獲利相對比較低，卻對世界有著難以忽視的影響力。日本企業雖有Toyota汽車以2567億美元的成績排到第9名，但在過去日本席捲全球的電子產業界中，只剩下索尼擠進第88名（848億美元）的位置（表序－1）。

反觀韓國的三星電子有2007億美元（第15名），現為夏普母公司的台灣鴻海精密工業有1819億美元（第22名），兩者皆遠遠超越索尼。就算索尼和Panasonic（631億美元，第154名）兩間公司的營收加起來也比不上三星和鴻海單一公司的總營收。雖然三星和鴻海有著如此龐大的市場規模，除了在相關業界工作的人外，直到2010年前幾乎沒有日本人認識這兩間公司。

表序－1　企業營收排名（2020年度）

（單位：百萬美元）

排名順位	企業名稱	國家・地區	營收	淨利
1	沃爾瑪（Walmart）	美國	559,151	13,510
2	國家電網	中國	386,617	5,580
3	亞馬遜（Amazon）	美國	386,064	21,331
4	中國石油天然氣集團	中國	283,957	4,575
5	中國石油化工集團	中國	283,727	6,205
6	蘋果（Apple）	美國	274,515	57,411
7	CVS Health	美國	268,706	7,179
8	聯合健康集團（UnitedHealth Group）	美國	257,141	15,403
9	Toyota汽車	日本	256,721	21,180
10	福斯汽車	德國	253,965	10,103
11	Berkshire Hathaway	美國	245,510	42,521
12	McKesson	美國	238,228	−4539
13	中國建築集團	中國	234,425	3,578
14	沙烏地阿拉伯國家石油公司（Saudi Aramco）	沙烏地阿拉伯	229,766	49,286
15	三星電子	韓國	200,734	22,116
22	鴻海精密工業	台灣	181,945	3,456
48	Honda	日本	124,240	6,201
51	三菱商事	日本	121,542	1,627
88	索尼	日本	84,893	11,053

［出處］《財星》雜誌

［註］不滿百萬美元的部分無條件捨去

表序－2　企業市值排名（2021年3月底）

（單位：10億美元）

排名順位	企業名稱	國家・地區	市值
1	蘋果（Apple）	美國	2,051
2	沙烏地阿拉伯國家石油公司（Saudi Aramco）	沙烏地阿拉伯	1,920
3	微軟（Microsoft）	美國	1,778
4	亞馬遜（Amazon）	美國	1,558
5	Alphabet（Google）	美國	1,393
6	Facebook（現改名為Meta）	美國	839
7	騰訊	中國	753
8	特斯拉	美國	641
9	阿里巴巴集團	中國	615
10	Berkshire Hathaway	美國	588
11	台積電	台灣	534
12	VISA	美國	468
13	摩根大通（JPMorgan Chase）	美國	465
14	嬌生集團（ Johnson & Johnson）	美國	433
15	三星電子	韓國	431
32	Toyota汽車	日本	254

［出處］彭博、PwC

圖序－2　個人電腦品牌的全球市占率
（2021年1～3月，以出貨量為準）

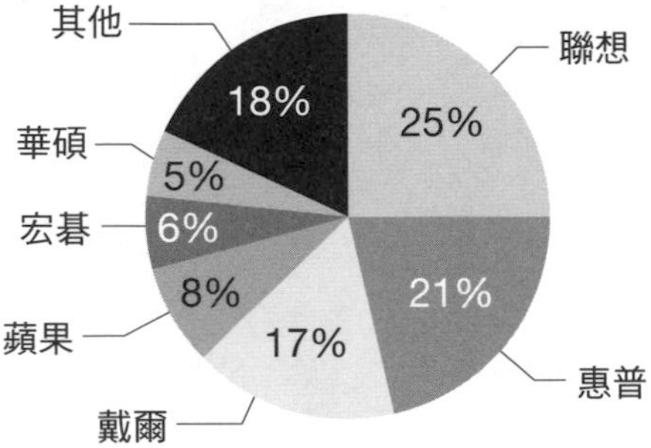

[出處] Gartner

圖序－3　智慧手機品牌的全球市占率
（2021年1～3月，以出貨量為準）

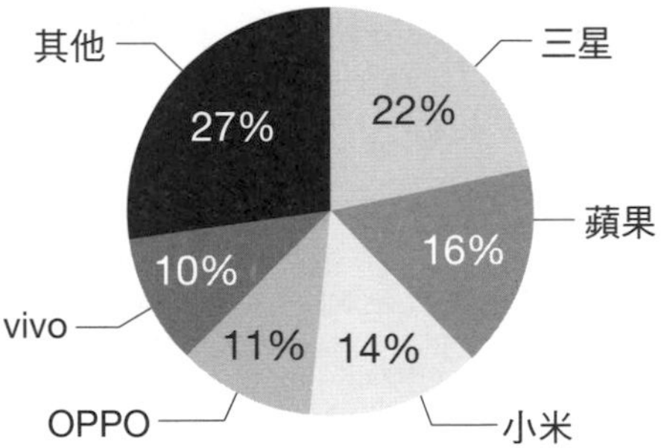

[出處] IDC

那麼企業的實力以及未來性呢？由於股價可以反映出一間公司的獲利能力及未來性，所以只要看看市值就能窺見一二（表序－2）。而在全球企業市值排名（2021年3月底）中，前10名幾乎都被美國的科技公司包辦，唯二的例外是中國騰訊控股（Tencent Holdings）和阿里巴巴集團。這兩家公司都屬於民營企業（私營企業），在全球投資人眼中兼具獲利能力

表序－3　電動車品牌銷量（2021年1～3月）

排名順位	品牌	輛數
1	特斯拉	18萬4,500
2	上汽通用五菱汽車	10萬2,574
3	BMW	6萬6,494
4	福斯汽車	5萬9,732
5	BYD	5萬3,608
⋮	⋮	⋮
13	起亞	2萬8,126
14	Toyota	2萬2,391

總銷售量為112萬8,003輛

［出處］EV Sales Blog

和未來性。而且第11名還能看到經營半導體晶圓代工的台積電（TSMC）的名字。而Toyota汽車只能排到第32名。

市場占有率前幾名的亞洲企業

光是觀察具體的消費財市場占有率，就能明顯看出日本企業的劣勢。2010年以後，個人電腦品牌的市占率前幾名便是中國的聯想，美國的惠普（HP）、戴爾、蘋果，台灣的宏碁、華碩這幾家在競爭排名的順位。在2000年之前，日本的NEC還能排進全球前五，但之後日系品牌就慢慢衰退。至於智慧型手機市場，日本企業打從一開始就完全不是外國企業的對手，市占前幾名的公司除了蘋果、三星之外，還有中國的維沃（vivo）這個日本人從未聽過的品牌（圖序－2、3）。

而在汽車市場，Toyota的銷售量則長期保持在1000萬輛左右，每年都在跟福斯汽車爭奪第一，但韓國的現代汽車集團也一度超過700萬輛，爬升到第5名。緊追現代汽車之後的還有中國的上海汽車集團。為了擊潰日本企業在燃油車市場的優勢，歐美和中國的車廠正

表序－4　飼料企業的生產量

排名順位	企業名稱	國家・地區	生產量（萬噸）
1	卜蜂集團	泰國	2,765
2	新希望集團	中國	2,000
3	嘉吉公司	美國	1,960
4	Land O'Lakes	美國	1,350
5	溫氏食品集團	中國	1,200
⋮	⋮	⋮	⋮
13	JA全農	日本	720

［出處］WATT Global Media

快速發展電動車（EV）。綜觀2021年1～3月的電動車銷售量，美國的特斯拉（Tesla）創下了18萬輛的銷售紀錄，是日本龍頭Toyota汽車的8倍有餘。中國的上海通用五菱和BYD也排在前幾名，韓國起亞汽車（Kia）的銷量也比Toyota還多（表序－3）。

汽車市場正逐漸從傳統的燃油車朝向電動車和氫燃料電池等綠能汽車轉型。但日本車廠卻仍以混合動力車為主力，對電動車的態度十分消極。日本已在功能型手機轉型至智慧型手機的浪潮中重挫，千萬不能在汽車市場再次犯下相同的錯誤。

即便是在普遍被視為低科技型的產業，亞洲企業也有著顯著成長。例如在畜牧業飼料的產量上，排名第一的是泰國的卜蜂集團，第2名是中國的新希望集團。過去在這塊領域執牛耳的是歐美穀物大廠，而五大廠中的代表嘉吉公司（Cargill）如今只能排到第3名。亞洲的飼料產量之所以大幅提升，是因為GDP成長帶動了食用肉品和雞蛋等的需求。日本的便利商店架上也有很多由卜蜂公司生產、加工的肉類小菜和食品。在進口原料時，聽到日本「農協」而色變的時代正逐漸成為歷史（表序－4）。

新的全球標準

很多日本人在見到亞洲企業的繁榮後才開始反省「是不是日本政府或日銀的經濟政策哪裡出錯了」、「是不是泡沫經濟崩壞後的企業經營方式有問題」、「投入產業和科學技術振興的資金不足」等等。或許是因為日本人過於死腦筋的性格，他們常常一味地反省，卻疏於研究對手的企業。亞洲企業的繁榮成長不見得是日本企業的失策所造成的。

儘管很多人以為亞洲企業是靠廉價勞力和模仿才崛起的，但實際上亞洲企業是在和先進國企業的競爭與協調中，憑自己的摸索發展出一套商業模式的。如果不是這樣，不可能實現這麼長期的成長。亞洲獨特的商業模式不僅契合時代的需求也符合新興國家的政策，並進化成與歐美和日本截然不同的獨特型態。例如半導體晶圓代工最初始於純粹的勞力代工，但後來這個模式成功升級為替半導體設計公司客製・生產的高附加價值產業。晶圓代工現已成為半導體業界新的全球經營標準，就連美國的英特爾也開始跟進。

但日本對亞洲企業的商業模式卻毫不關心。以為晶圓代工就是單純的代工生意，完全不想深入研究。即便是三星的垂直整合式生產體制，日本人也擅自認定那就是模仿日本企業的經營手法，對三星獨有的改革部分不屑一顧。在日本企業忙著學習美企的商業模式，在自己的小圈子內討論日本式經營的功過時，在亞洲發展出來的商業模式正穩健地成長茁壯。

進軍亞洲市場對日本企業的成長變得愈來愈重要。不論是要跟亞洲企業競爭還是合作，最基本的就是要認識對方。而本書正是為了幫助日本人從零開始認識過去一直被輕視的亞洲商業模式而寫的。且為了讓讀者更容易理解這種商業模式，筆者試圖下了許多工夫。

首先，本書將許多類似的商業模式分成10個章節，把各大亞洲企業加以分類。每章都會介紹3間代表該模式的典型企業，透過各企業具體的商業手法講解該模式的特性，並簡單介紹產生這種模型的背景。為了幫助理解，每個案例都會附上該模型的模式圖。雖然是非常簡化的模式圖，但如能配合說明文一起看，相信讀者應能掌握該模型的大致面貌。

第1章到第10章的順序是按照各模式的相互關聯性安排的。例如在讀過第1章的代工生產模式的原理後，就能更輕鬆地理解第2章的無廠科技公司[1]誕生的來龍去脈。然後第3章將繼續介紹亞洲的垂直整合模式發生了哪些進化，以對抗代工生產和水平分工。當然讀者也可以直接從自己感興趣的商業模式讀起，但在讀完後接著參考其他相關的模型，應該會更清楚該模型在整個市場中的定位。

本書探討的焦點完全放在商業模式上，對於所舉企業的整體業務和基礎資料只會稍微提及。文中並未提供詳細的財務資料，對此部分有興趣的讀者還請自行至該企業的官方網站確認。本書的目的充其量只是想幫助讀者理解日本企業是在跟什麼樣的亞洲商業模式打交道，因此所介紹的經營模式不一定具有絕對的普適性。若讀者在綜覽各模式後能體會出每種模型的長處和短處，作為從商時的參考，便是筆者最大的榮幸。

（註）書中提及的企業基本上只在首次提及時會用正式名稱，之後則改用簡稱。但對台塑（正式名稱為Formosa Plastic Group）這種日本早已耳熟能詳的公司則兩者並用。英文和中文的寫法主要是根據《日本經濟新聞》。匯率則以2022年5月的資料為基準。以易讀性為優先，僅就重要的部分提供引用出處和參考文獻。

譯註1：「無廠（Fabless）」一詞在中文和英文特指半導體產業中沒有自己的工廠，只設計而不生產晶片的「無廠半導體公司」。但日文的「Fabless」則泛指所有沒有工廠的製造業公司，例如電腦、手機、家電、食品、玩具，只要是完全以外包方式生產實體產品的公司都叫「Fabless」。本書文中的「無廠」皆屬後者（日文）的用法。

第1章

代工生產——改變電子產業遊戲規則的公司

首先，讓我們來看看從台灣電子產業發展出的幾種代工生產模式。這是種沒有自己的商品品牌，專為其他企業製造產品的事業型態。儘管這種代工模式過去一直被當成是普通的外包產業，但它最終卻在電子產業引起有如地殼變動般的震盪。

1　晶圓代工＝台灣積體電路製造（TSMC，台灣）

台灣積體電路製造股份有限公司（TSMC）是全球最大的晶圓代工廠，在新竹科學園區設有可生產電路線寬只有2奈米（1奈米等於10億分之1公尺）的最先進半導體廠房。目前台積電已成功試產2奈米的產品，2奈米廠也將在2024年正式啟用。台積電在2020年上半年就已開始量產5奈米的產品。3奈米廠也正在台南建設中，預計2022年可投入量產。而老對手三星電子直到2020年下半年才開始量產5奈米的晶片，比台積電晚了半年。至於美國的英特爾更是大幅落後，預計最快到2022年才能開始量產同等級的半導體產品。在微細加工的領域，台積電已走在世界最前端。

台積電是現在俗稱晶圓代工的商業模式的開拓者，也是大規模代工生產企業的先驅。晶圓

圖1－1　半導體晶圓代工的機制

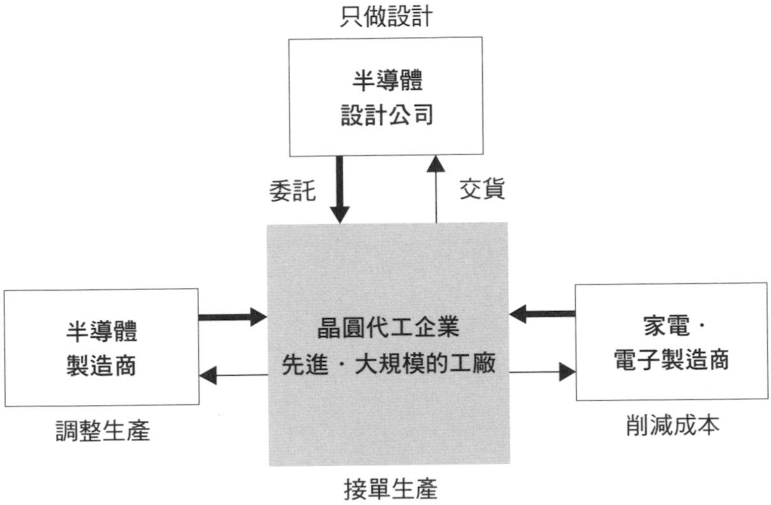

代工（foundry）的英文原意是鑄造工廠，在半導體業界也就是「製造工廠」的意思。台積電與美國的英特爾和韓國的三星電子並列為世界三大半導體製造商，而在微細加工的領域，台積電更是三家公司中的第一名。儘管台積電擁有最尖端的技術，日本的一般大眾卻對這個名字相當陌生，原因在於它沒有銷售自家品牌的產品。台積電只專注於生產其他公司設計的晶片，而從不推出自家的產品。

世界最先進的微細加工技術

半導體是一種可以導電也可以不導電的特殊物質。由大量利用這種性質的電路組合而成的晶片，通常也簡稱為半導體（積體電路、ＩＣ晶片）。由於電路的線寬愈小，相同面積就能塞入愈多電晶體，晶片的性能也就愈好。

表1－1　晶圓代工的市占率（2021年1～3月）

企業（國家・地區）	營業額（億美元）	占比（%）
台積電（台灣）	129	55
三星電子（韓國）	41	17
聯電（台灣）	16	7
格芯（GlobalFoundries，美國）	13	5
中芯國際（SMIC，中國）	11	5

［出處］TrendForce的即時數據
［註］企業名稱為簡稱

而台積電已經確立了電路線寬為5奈米的量產體制，未來還將把這個數字縮小到2奈米。現在從手機到家電、汽車都會用到半導體，可說是現代文明不可缺少的工業產品。

在台積電尚未登場的1980年代之前，半導體業界大多是設計、生產、販售都由一家公司獨自包辦。而且很多公司會把自家生產的半導體用在自家的電腦或家電・電子產品上。台積電則顛覆了半導體業界的常識，發展出只專注於半導體製造工程中部分環節的商業模式。這家公司的業務全部集中在製作半導體電路的前段製程，連將做好的電路加工成晶片的後段製程都交給其他公司去做。

雖然這種事業型態看似特異，但在台積電創業的1987年，發展半導體代工生產的條件已全部成熟。當時，美國有能力設計半導體的技術人員紛紛自立門戶，出現許多新的半導體公司。然而，對於這些新創公司而言，要建造自己的工廠簡直是不可能的事。因為購買生產設備需要投入巨額的資金。缺乏資金的新創半導體企業選擇成為專注於設計的無廠（fabless）半導體公司。對於這些無廠半導體公司來說，能按照設計把晶片實際製造出來的台積電是不可多得的存在。而台積電便是靠著承接這些黎明期的無廠半導體公司的委託單，一步步成長起來的。

委託台積電生產晶片的不只有無廠半導體公司。大型家電・電子製造商也將一部分自家公司設計的半導體生產工作外包給晶圓代工公司。這些特殊用途的半導體，比起由自己設廠製造，委託給晶圓代工廠生產更能節省成本。甚至連一些專門製造半導體的公司也會找代工廠代工。當自己的生產線塞車，或是需要生產的量不多時，交給晶圓代工廠來生產，不僅機動性高也更為方便。

選擇與集中的產物

晶圓代工或許是「選擇與集中」這種經營手法下的至高產物。若同時投入多個事業和工序，經營資源就會被分散，技術和生產效率都難以提升。而專注於單一事業，集中投入經營資源則更容易成長。無廠半導體公司就是只專注於設計的部分來提升產品性能和生產效率。現在的家電・電子業界除了集中生產自家產品必須的半導體，也將成本高但需求少的特殊半導體委託給晶圓代工廠生產。而台積電本身也專注在半導體的前段製程，投入全部資源提升微細加工技術。

台積電接受來自全世界半導體相關企業的委託，生產設備全都是滿載狀態。由於半導體的生產設備大多相當昂貴，若砸入巨額資金設置的生產線沒在運轉，就會嚴重虧損。相反地，若產線維持滿載運作就能獲利豐厚。由於台積電幾乎不碰任何與生產無關的業務，因此不會有多餘的經費開銷。通常一間公司的營業利益率有10％就算是優良企業，而台積電的營益率卻高達40％左右，完全屬於讓人瞠目的高收益企業。

由於是高收益企業，台積電十分受到外資好評，目前其總市值已來到5500億美元左右，是英特爾的2倍（2021年8月）。股價上升，增資會更容易，資金的調度也十分輕鬆。在超過100億美元淨利和高股價的背景下，台積電每年都會投入超過100億美元在設備上。藉由引進最先進的製造設備來提升加工技術，讓台積電可以拿到更多的訂單。

當委託的訂單增加，生產規模變得更大，半導體原料製造者和設備廠商也會更偏好跟台積電做生意。製造最先進曝光機的荷蘭艾司摩爾（ASML）公司，就在2020年於台南設立了訓練中心。曝光機主要用來將電路烙印在晶圓上，曝光機的精度會決定電路的線寬能做到多小。而台南設有台積電的工廠，兩家公司就能共同實現微細加工的操作。

就連日本企業也聚集到台灣。例如生產作為電路基板的晶圓、用於微影製程中的光罩、用於加工後清洗的高純度氟化氫等半導體相關素材的廠商。得到最尖端的製造設備和高等級的半導體材料，台積電的技術水準又能更上一層。技術會帶來規模，而規模又會帶來技術，形成正向循環。

晶圓代工已成為半導體產業的核心

事實上，台積電起初並不是因為喜歡代工模式才開始從事晶圓代工的。1980年代中期，台灣政府為培植半導體產業，招聘了時任美國德州儀器（TI）半導體事業部副總裁的張忠謀。1987年，張忠謀在台灣發展半導體事業時選擇的便是晶圓代工模式。當時，日本是用來記錄資料的DRAM記憶體領域的領先者，想要追上日本，就必須在生產設備上投入巨資。而相當於計算機大腦的中央處理器（CPU）則是美國最擅長的領域，想要追上美國亦難如登天。

台灣本想自己設計、量產具有通用性的DRAM和CPU，但由於技術落後，又欠缺銷售能力，再加上沒有資金，對當時的台灣來說實在是癡人說夢。要從設計到銷售都一手包辦，必然會有資金和人才分散的問題。因此台積電把目光放到了一種俗稱ASIC（特殊應用積體電路）的半導體上。ASIC是家電、產業機器、汽車等特定用途所需的半導體晶片。當時很多半導體企業都會針對用戶的用途自行研發少量的ASIC。而台積電則打算替那些公司代工生產晶片。台積電除了替別人代工那些大公司不願意做的多種但少量的半導體外別無選擇。這也就是所謂的利基市場。而跟台積電一樣在台灣行政院輔導下成立的聯華電子（UMC）也同樣轉型為晶圓代工。

在這樣的脈絡下，日本長期以來一直把晶圓代工看成「外包公司」。然而台積電並不甘於只是當個外包公司。不久後，台積電便開始為無廠半導體的客戶提供各種製造半導體的服務。例如提供設計資訊。由於要從頭開始設計半導體非常花錢、花時間，因此當時普遍的做法是直接組合已經研發好的電路區塊（IP Core）來開發新產品。於是台積電便弄了一個集合全世界IP Core的資料庫（library），讓客戶企業可以直接使用資料庫內的電路區塊，在短時間完成設計。

另外，台積電從1990年代起也開始提供從技術開發到投廠量產皆可在電腦上模擬的服務。不僅如此，客戶還能透過網路隨時掌握發包產品的生產進度。台積電超越了外包生產公司的框架，成為替客戶提供從設計到製造的Know-how的服務公司。只要委託台積電，即便是剛成立的無廠半導體公司也能製造自己的半導體產品。其模式更像是跟台積電合作開發半導體。藉著提供客戶導向的開發支援服務，台積電擺脫了單純外包公司的地位。如今台積電已掌握最尖端的微細加工技術，拿到智慧手機所使用的高性能半導體的生產訂單。

在半導體業界，有很長一段時間被從設計、生產到販賣一條龍包辦的三星和英特爾兩大巨頭主宰。三星負責生產個人電腦不可或缺的記憶體，而英特爾則主導了CPU的製造。然而在2010年代，IT終端設備的主角從個人電腦轉為智慧型手機後，晶圓代工的地位變得愈來愈強。沒有晶片廠的高通（Qualcomm）等無廠半導體公司在智慧手機用的半導體市場迅速擴張勢力。無廠半導體公司開始爭搶台積電的產能，讓台積電的存在感逐漸增加。現在台積電的市值總額遠遠超出之前的兩大巨頭。

堅持從設計到銷售一條龍包辦的半導體生產商已經無法再一成不變了。無論是三星還是英特爾，也都開始經營為其他公司生產半導體的晶圓代工事業。中國也誕生了以晶圓代工為主的中芯國際集成電路製造（SMIC），受到政府大力培植。不知不覺間，分離設計和生產已變成半導體業界的常態，晶圓代工反而變成半導體生產模式的主流。令人遺憾的是，日本的半導體生產商早在晶圓代工迎來榮景前就已凋敝。由於營益率在泡沫經濟崩壞中惡化，日本的半導體生產商再也無法跟上半導體設備的投資競爭。無法孕育有實力的晶圓代工企業，又在微細加工技術上落後於人，如今想在日本國內生產最先進的半導體已愈來愈困難。

2　EMS＝鴻海精密工業（Foxconn，台灣）

全球最大的EMS（電子專業製造服務）公司——鴻海精密工業，每年都在中國河南省鄭州的工廠替美國的蘋果公司生產知名的智慧手機「iPhone」。根據中國媒體報導，鴻海的鄭州廠每分鐘可生產350支iPhone，占全球iPhone出貨量的50%。而鴻海在印度的工廠則負責生產中國手機品牌——小米的手機。此外鴻海在山東省的煙台也有工廠，負責生產遊戲主機。

在台灣還盛行另一種被稱為EMS（Electronics Manufacturing Services）的受託生產模式。EMS指的是替其他公司生產電視、電腦、手機、遊戲機等電子產品的外包事業型態。中文簡稱為「電子代工」，就字面來看，相當易懂。EMS始於1970年代後半的美國。由於電子機器的組裝工作十分消耗人事費用，利潤又很微薄，因此很多公司會把組裝和簡單零件的製造工作外包給其他公司。這種經營模式就是俗稱的外包（outsourcing）。

以前的康柏電腦（後與惠普公司合併）、戴爾等美國的新興電腦製造商，都會把組裝工作外包藉以壓低產品售價。EMS跟晶圓代工一樣是從美國的經營手法變化而來的。台灣的電子機器製造商早期大多是替美國的電腦製造商生產零件和電路板，但在1990年代後轉型為直接交付完整成品的受託生產模式。就在多數台灣公司專注於生產電腦的時候，鴻海精密工業靠著電視等各種電子產品的受託生產逐漸成長，最後發展成全球最大的EMS企業，並買下夏普公司。

圖1–2　EMS企業的商業模式

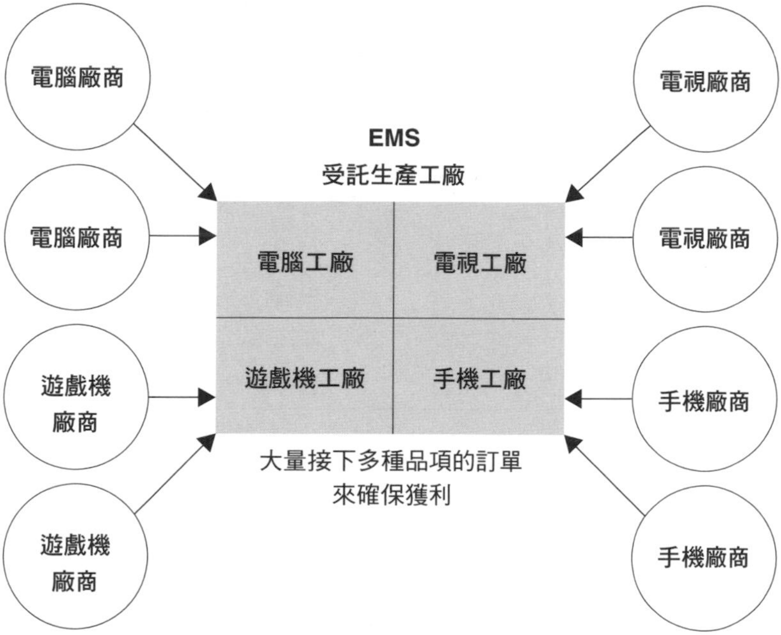

連短期・大量生產的無理要求都照單全收

鴻海也是在2000年代前期靠著桌上型電腦的半成品受託生產成長起來的。鴻海今天在EMS業界能有如此壓倒性的地位，主要歸功於贏得美國蘋果公司在2007年推出的第一代iPhone的訂單。iPhone的全年出貨量超過2億支，據說有6成都是在鴻海的工廠生產的。繼蘋果公司之後，鴻海又拿到中國華為和小米的手機生產訂單。

而且鴻海並未限於個人電腦和手機，還跨入遊戲機、電視、印表機、數位相機等各種電子機器的外包市場，且每個品項都同時接受多

表1-2　主要的EMS和ODM（2020年）

企業名稱	國家・地區	營業額（10億美元）
鴻海	台灣	182
和碩	台灣	47.5
廣達	台灣	37
仁寶	台灣	35.6
緯創	台灣	28.7
捷普集團（Jabil）	美國	28.3
偉創力（Flex）	新加坡	23.3

[註] 營業額資料來自《富比世》。企業名稱為簡稱

間公司的訂單，得以大量生產。鴻海在中國廣東的深圳廠專門組裝個人電腦，在河南的鄭州廠組裝手機，在山東的煙台廠組裝遊戲主機，在四川的成都廠組裝平板電腦，每間工廠都依照產品做了分類。光在深圳就雇用了30～40萬名員工，在全中國共有超過100萬名雇員。

而在中國之外，鴻海買下了索尼在墨西哥的電視工廠；為了跟歐洲企業做生意，早早就在波蘭、捷克、匈牙利建立生產據點。另外為了因應蘋果公司的生產需求，也很早就進軍巴西和印度。相較於其他台灣企業始終只局限在中國發展，唯有鴻海看到了客戶（前來委託生產的品牌公司）的市場布局，遂有意識地建立了全球性的生產體系。儘管鴻海的成功常被認為是龐大數量的廉價勞工堆砌起來的，但光靠那點不可能建立起鴻海今天的地位。

EMS的客戶大都非常任性。常常無預警地就要求要在很短的時間內大量生產高品質的

產品。要滿足客戶的無理要求，就必須在短時間內生產出需要的零件。儘管因為EMS的業務型態而常常遭到誤解，但鴻海絕非單純的組裝公司。事實上鴻海從連接器到框體（外殼）等許多零件都已經內製化，會自己製作生產零件用的模具。因此在接到客戶的訂單後馬上就能生產該零件或框體，並送去組裝。

鴻海是由郭台銘在1974年成立的公司，最初生產的是電視的旋扭等塑膠製品。而當時培養起來的模具技術發揮出它的威力。據說鴻海擁有3萬人以上的模具技術人員。當初能贏得蘋果的訂單，也是因為鴻海擁有能製造圓滑框體的優秀技術。後來蘋果把手機框體的材質從塑膠換成金屬，而金屬的加工工序十分複雜，必須使用工具機削切、打磨，若沒有製作模具累積起來的金屬加工技術就無法實現。當時，除了鴻海以外沒有任何公司能滿足蘋果的要求。

由創立者郭台銘一人掌權的經營模式也讓鴻海能順暢地應對客戶的需求。只要郭台銘一聲令下，就能立即調整整個生產工程和品項，不論客戶提出多麼困難的要求都能回應。日本由創業家親自經營的中小企業擅長的模具製作和零件製造，正是鴻海競爭力的源頭。在這層意義上，鴻海可以說是一間巨型的中小企業，擁有中小企業獨有的活力。

用大規模的低毛利率來涵蓋其他

同樣是受託生產的業務模式，EMS和晶圓代工的最大不同，就是EMS的毛利率極端地少。相較於製造半導體需要用到昂貴的器材，電子機器的組裝作業本質上仍是依賴人力的勞動密集型產業。雖然組裝工作的自動化也在推進中，但生產線上依然不會用像半導體製造那樣的昂貴機械。半導體的製造是因為生產難度很高才委外生產，但組裝則是因為無利可圖才丟給其他公司來做。量少的訂單對EMS企業來說並不合算，必須從多家公司大量接收類似產品的訂單並大量生產，才能確保收益。

鴻海的營益率只有2、3%左右。EMS這種商業模式，要提高獲利的唯一方法就是擴大規模。2000年，鴻海的合併營收為新台幣978億元，營業利益為新台幣105億元。2010年的營收則是新台幣2兆9972億元，比十年前提升了30倍，但營業利益卻只成長了8倍，來到新台幣861億元。這份財報說明了鴻海靠大量接下低營益率的工作來提升獲利的狀況。2020年，鴻海的營收為新台幣5兆3580億元，換算成日幣已是20兆日圓的企業，但營業利益仍只有新台幣1108億元。

即便如此，鴻海仍靠著擴大規模賺得足夠資金，在2016年併購了夏普。2020年度鴻海的合併營收甚至比索尼集團（約9兆日圓）和Panasonic（約6兆7000億日圓）加起來還高。而且不只鴻海，其他受託生產企業的規模也在急速擴張。委外生產方的企業也變得不得不把業務外包給有能力大量生產的大型EMS公司。因為就跟晶圓代工一樣，規模愈大，就愈能吸引原材料和設備製造商與之合作，在這方面的影響力也會愈來愈高。

3　ODM＝廣達電腦（Quanta，台灣）

ODM事業龍頭的廣達電腦（Quanta Computer）在2020年宣布，將與歐洲半導體大廠意法半導體（STMicroelectronics）合作研發擴增實境（AR）智慧眼鏡的設計。智慧眼鏡是一種可跟眼鏡一樣穿戴，並將數位資訊重疊顯示在現實景物上的設備。例如，智慧眼鏡可在十字路口附近顯示道路指引，或是在博物館內提供展示品的說明資訊。意法半導體擁有可裝設在眼鏡上的微型顯示技術，而廣達則擁有設計和製造智慧眼鏡本體的能力。該公司宣布將開發低耗能、可使用一整天的智慧眼鏡。

1990年代後半，電子機器的外包生產出現了一種俗稱ODM的進化型態。EMS是從OEM（Original Equipment Manufacturing：採購方委託製造方生產）發展出來的商業模式，是一種完全按照客戶的設計將產品製造出來的模式。相對地，ODM（Original Design Manufacturing：採購方委託製造方設計與生產）則是自己設計產品，並替客戶代工生產的商業模式。ODM企業擁有自己的研究開發（R&D）部門和市場營銷團隊，可依照客戶提供的商品概念來設計與製造產品。儘管實際上EMS和ODM的業務有很多重疊之處，但最大的

圖1–3　ODM和OEM的差異

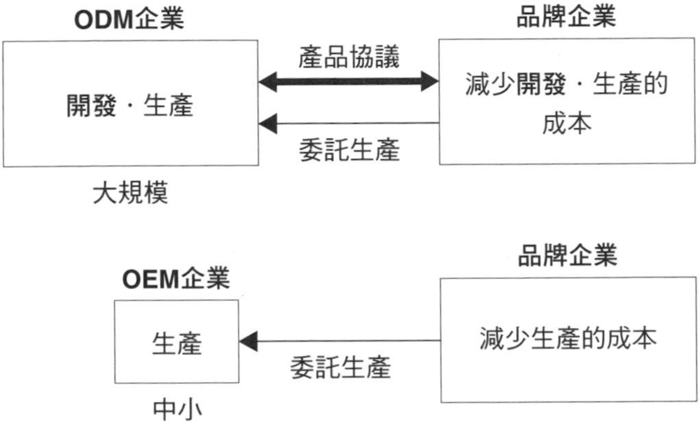

不同在於是否強調該公司的產品設計能力。

美國IT企業硬體大廠的幕後功臣

廣達以ODM的先驅者聞名。這家公司靠自己的能力設計了筆記型電腦、平板電腦、伺服器、智慧手錶等各類產品，並被許多大型科技公司貼牌販售。其開發能力之強，甚至能以自家品牌推出一部分的產品。廣達的生產據點設在中國，台灣的總公司則負責研究開發。接下來預定的主力產品也包含智慧眼鏡。該公司將使用意法半導體的顯示技術設計・製造智慧眼鏡，預計未來將由大型品牌貼牌上市。廣達也有投資汽車自動駕駛技術，致力將產品的領域擴展到電腦之外。

對於美國的科技公司來說，ODM的出現非常方便。要設計個人電腦等硬體產品，通常需要一支專門的團隊。但有ODM的話，有關硬體的開發・生產都可以委外進行，自家公司可以把資源集中在軟體、內容（content）以及營銷上。微軟、Google、Amazon等以軟體和網路為主戰場的美國科技公司之所以能推出個人電腦和平板電腦等硬體產品，並成功擴大市占率，都是因為有廣達等台灣ODM廠在幕後幫忙開發和生產硬體。2020年全球筆記型電腦的出貨量約為2億2000萬台，光是廣達的出貨量就占了5980萬台。這意味著世界上每4台筆電就有1台是廣達生產的。隨著新冠肺炎的流行，遠距辦公的人數增加，搭載Google Chrome作業系統的筆電銷量大幅提升。

不過，儘管ODM企業的發言權高漲，但就整體市場來看，美國科技公司仍牢牢掌握著軟體部分，且擁有各式各樣的網路技術，所以依然占據優勢。ODM企業只是單純替這些科技大廠代勞製造面的研發工作而已。在同為ODM的仁寶電腦工業（Compal）等許多對手的激烈競爭下，接單價格被壓得很低。零件的採購價格也會被客戶干預。廣達的營益率長年維持在1．2%左右，甚至比鴻海的2．3%還要低。

亞洲太平洋分工體系的誕生

廣達的另一個特色是很早就跨越國境，建立起連接生產地和消費地的國際網路。在美國，自1990年代起便開始流行一種俗稱BTO（Build To Order）的電腦銷售方式。消費者可以從型錄挑選符合自己需求的規格組合（客製化），透過網路等方式向廠商下單。收到訂單

圖1–4　跨越國境的分工網路

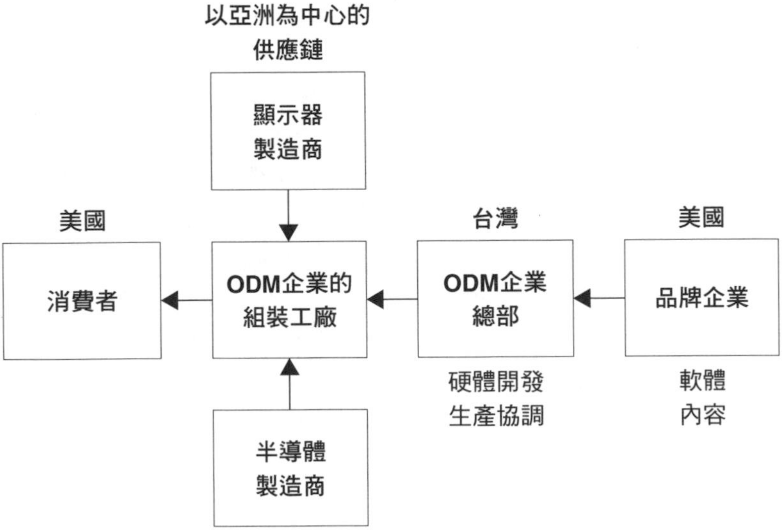

後，美國的廠商會在幾十分鐘內把客人想要的規格送給廣達。收到要求後，廣達的中國工廠會立刻找出符合規格的庫存零件，在幾小時內按照規格組裝出客人想要的電腦。

電腦組裝好後便會馬上透過國際快遞寄出，直接送到美國的消費者手中。因此在網路上下單後只需要等個2、3天，美國的消費者就能拿到客製化的個人電腦。廣達會協調整體的調度流程，並負責管理倉庫。而美國的廠商則不用承擔庫存過剩的風險，簡直再好也不過。因此美國的公司幾乎都把訂單交給擁有完善物流鏈的廣達。

亞洲太平洋的分工體系之所以能實現，有很大一部分要歸功於亞洲地區內的電子零組件供應鏈。亞洲從很久以前開始就是記憶體和液晶面板的生產據點，而後來一部分的

CPU也轉移到亞洲生產。許多台灣的電子零件廠開始在中國設廠生產，即使不自己生產，也能夠輕鬆調度到高品質的零件。從主機板到連接器、散熱風扇、SD卡、電源供應器、鍵盤、滑鼠……。在收到訂單之後，ODM公司可以馬上調度所需的零件和周邊設備，並立即組裝好產品。

就這樣，橫跨亞洲太平洋的分工體系便完成了。美國公司負責基本軟體等IT技術的根幹，台灣企業從事材料等硬體技術的研發，散落在亞洲的各個專門企業負責大量生產自己專長的零組件，最後由ODM在中國組裝成消費型產品。

水平分工的破壞力

這種由跨海的企業群分工合作來生產的手法，不知從何時開始被稱為「水平分工模式」。在這個模式中，主導權不由單一公司所掌握，而是多間獨立的企業橫向地連結，所以叫做水平分工。此外，水平分工中的企業組合常常隨著情勢而改變。為了追求最好的價格、品質、技術、交貨期，各家公司會靈活地更換合作夥伴。跟汽車零組件以車廠為核心建立強固且固定關係的「系列化」截然不同。水平分工中的各公司是否真為平等關係，這點我們會在後面的章節進一步討論，但它無庸置疑地大大改變了電子產品業界的生產模式。

在水平分工模式出現前，電子產品業界主流的商業模式是從企劃・開發到製造、銷售都由一間公司獨力進行的「垂直整合模式」。由於在垂直整合模式下，幾乎所有的業務都在單一組織內完成，被認為在產品開發的加乘效應和品質管理上具有優勢。然而，所有事情都親力親為的大型組織很容易僵化，製造成本也很容易居高不下。而新登場的水平分工模式則能大幅減少成本，成功讓個人電腦和電視的價格降得很低。於是美國的科技公司逐漸放棄垂直整合模式，把業務重心轉向高附加價值的軟體、人工智慧（ＡＩ）以及網路技術。

而日本企業持續固守垂直整合模式，導致經營成本居高不下，結果在轉向水平分工模式的美國企業和台灣企業面前不堪一擊。由於跟不上急遽降價的產品價格，相繼從電視、電腦、手機市場敗退。而且不只是終端產品，就連半導體、液晶等關鍵零組件的製造也栽了跟斗。與美國科技公司之間的技術差距也愈拉愈大。等到回過神時，日本的家電・電子產業已然全面崩潰。如今回頭看來，改變電子產業遊戲規則的，正是開啟了水平分工時代的晶圓代工、ＥＭＳ和ＯＤＭ等台灣的代工生產企業。

第2章

亞洲的無廠科技公司

——進化的上游企業和下游企業

由於代工生產企業的繁榮，亞洲的無廠科技企業開始崛起。沒有自己的工廠，以賣品牌和設計半導體為主的公司也隨之誕生。在第2章，我們要來看看水平分工的進化。

1 品牌＝宏碁（Acer，台灣）

個人電腦製造商的宏碁公司，在2001年將製造部門拆分出去，轉型成為沒有工廠的無廠科技企業，成為一間專門研發・販賣電腦和提供服務的公司重新出發。被拆分的製造部門以緯創資通（Wistron）的名稱獨立，變成一間替宏碁和其他電腦廠牌組裝產品的代工生產公司。當時的宏碁本是台灣最大的民間製造公司（營收達新台幣1200億元），品牌的知名度也很高。如此大牌的製造業者竟突然轉型為無廠公司，在當時震驚了各界。

宏碁的無廠化對亞洲企業的成長戰略帶來很大的影響。雖然在此之前亞洲並非沒有其他無廠科技公司，但無一不是剛成立不久的新創公司。當時就連中國企業都還沒發展起來，除去日本企業，宏碁跟三星、現代等韓國大廠是少數能在歐洲市場打響名號的亞洲企業。而就在這樣的背景下，宏碁決定活用自己的品牌實力，透過無廠化讓成長朝向美國科技公司那樣，不再偏重於產品的製造。宏碁的戰略是把硬體組裝等低附加價值的事業拆分出去，總公司則靠高附加價值的「Solution Business（IT系統建構）」來盈利。

向輕資產戰略衝刺

事實上宏碁受到2000年美國網際網路泡沫破裂的影響，電腦產品的銷量大跌，經營陷入危機。而無廠化其實是公司重組的策略。宏碁放棄所有的生產設備（資產），轉為按需求使用其他公司的設備來生產的經營方針。後來陷入經營危機的日本家電．電子廠商也採用了相同的策略，放棄生產設備，轉型為不持有資產的經營模式，並稱之為「輕資產戰略」；而宏碁的無廠化或許可說是這方面的先驅。

宏碁的無廠化是公司創立者施振榮的理想挫敗下的結果。施振榮在1976年與數名夥伴共同成立了一間電腦相關的公司，靠進口轉賣半導體晶片和設計電子產品起家。在個人電腦還很稀少的1980年代後期，施振榮曾嘗試自己研發高性能的個人電腦，並用Acer這個品牌打入美國市場，卻始終不順利。結果，該公司後來改以美國IBM電腦的OEM（採購方委託製造方生產）為主要業務。

在接觸了軟體、零組件到組裝等各種與電腦相關的業務後，施振榮發現各部門間的附加價值（毛利）有很大的落差。上游的關鍵零件開發和製造業務的附加價值很高，下游的行銷和服務（solution）也是。而中游的產品組裝是附加價值最低的。因此施振榮認為純粹替其他公司代工生產產品的OEM事業發展性有限。

施振榮的微笑曲線

施振榮把上游到下游的各部門與附加價值的關係畫成圖表，並解釋了這個結構。愈靠近上游和下游的兩端，附加價值就愈高。由於這個曲線看起來就像一張笑臉，因此這張圖又被稱為「施振榮的微笑曲線」。施振榮按照自己建立的微笑曲線理論，將宏碁的主要發展方向從中游轉向上游和下游。宏碁在1989年與美國的德州儀器（TI）合資在台灣建立DRAM工廠，成立德碁半導體公司，又在1996年成立專門製造電腦液晶面板的達碁科技。

與此同時，宏碁也把觸角伸入下游產業。1998年成立網路公司的網際威信公司，涉足電子商務。同一時期還與香港的電影公司嘉禾娛樂（Golden Harvest Entertainment）合作，進軍網路內容（電影和音樂）銷售。李小龍和成龍的動作片都是嘉禾的產品。

宏碁陸續擴大業務種類，使事業多角化，一度讓人以為會發展成從上游到下游全都包辦的巨大科技企業集團。然而，宏碁涉足的事業業績卻不甚理想。半導體的德碁半導體赤字連連，最後無奈賣給台積電。液晶面板部門也為了生存而跟其他公司合併，成為今天的友達光電。宏碁本體也無法靠銷售自家品牌的電腦維持足夠的獲利，依然無法收掉幫美國電腦廠牌組裝電腦

圖2－1　施振榮的微笑曲線

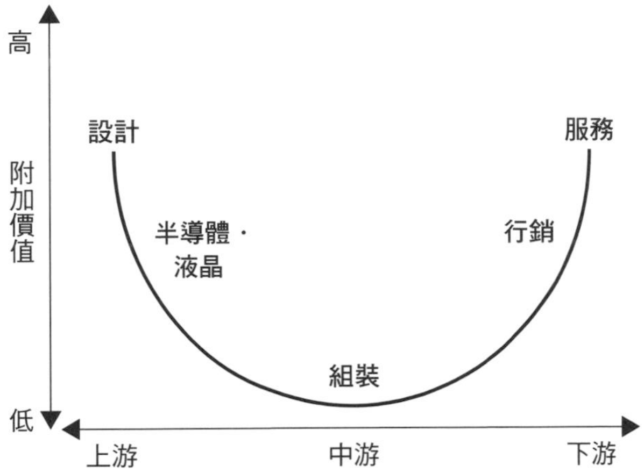

的ＯＥＭ事業。不僅如此，美國的電腦廠也因為宏碁在美國成為競爭對手而不想委託宏碁代工，開始轉單給其他專門替人代工生產的台灣公司。

宏碁的解體推動了分工模式

在這樣的困境中，宏碁決定把中游的生產部門和下游的銷售切開。宏碁將原本的生產部門拆分獨立為緯創資通，並採薄利多銷的戰略。只要成為專門接收其他公司訂單的代工工廠，美國企業就不用擔心公司情報會外流給宏碁，可期待訂單回流。另一方面已經有知名度的宏碁品牌則繼續保留，維持下游的業務。簡單來看，這次的拆分是因為基於微笑曲線理論的發展戰略失敗，宏碁選擇重新回歸台灣主流的代工生產模式。

用宏碁的品牌名稱繼續留在下游產業，或許是因為施振榮仍對微笑曲線理論存在執念吧。後來宏碁不只把Acer品牌的產品委託給自家體系的緯創生產，也外包給其他優秀的ODM公司，嘗試再次挑戰國際市場。施振榮或許是認為不論再怎麼投入附加價值低的中游領域也沒有發展前景，唯有在進軍先進國家的品牌市場闖出一片天，這個產業才有未來也說不定。而宏碁的無廠化決策也獲得成功，在8年後的2009年，宏碁一度成為全球第二大的個人電腦品牌。

看到宏碁的重組策略之後，同樣是台灣電腦廠牌的競爭對手華碩電腦（ASUS）也在2007年分出製造部門，獨立為和碩聯合科技（Pegatron）。華碩也跟宏碁一樣轉型為無廠公司，開始發展品牌事業。同時期的中國，聯想集團（Lenovo）正以替其他公司代工的方式成長。直到進入智慧手機的時代後，小米等沒有工廠的品牌企業便也相繼登場。

施振榮的微笑曲線之夢之所以遭到滑鐵盧，或許可歸咎於個人電腦的銷售能力太弱（相較於其他品牌），以及缺乏各部門所產生的加乘效應等各種不同原因，但究其根本其實是因為資金不足。記憶體是價格很容易受市場供需影響的產品，當電腦市場景氣不好時，就很容易價格崩跌導致嚴重赤字。如果沒有足夠的資金儲備撐過不景氣，並不斷進行大規模的設備投資，事業就無法維持下去。即便是在宏碁本體營收站上台灣民間製造業第一的1999年，這個數字也只有新台幣1282億元，營業利益更只有新台幣39億元。沒有足夠體力的企業若把資金分散到多個不同的事業，結果往往是所有事業都會面臨中途夭折的命運。

事實上宏碁集團在解體的2001年後，在台灣市場便不再以成為綜合家電．電子機器的集團為目標來運作。它改將有限的資金集中在特定的事業，以強化該事業的競爭力，致力於提高利潤。這項經營手法得到外界的肯定。電子相關企業分化成半導體、液晶、電子零組件、組裝、研發與銷售等不同公司，且它們都以獨立公司的型態專注於各自的發展。宏碁的挫敗與重生，無意間促進了亞洲企業的水平分工戰略。然而，這並不意味微笑曲線理論已死。成長後的宏碁集團，正成為包攬上游到下游的綜合電子戰略的下一個挑戰者。

2 重視行銷＝小米（Xiaomi，中國）

中國的手機公司小米會定期舉辦名為「小米爆米花」的線下活動。這個活動是小米與粉絲的交流會。經營幹部會齊聚一堂，與粉絲談論產品和開發的故事。會場上還有販賣小米公司的吉祥物「米兔」的玩偶和周邊商品。粉絲們也能在線下聚會共襄盛舉。在每年舉行一次的「爆米花年度盛典」活動上，小米的粉絲們齊聚北京，一起玩Cosplay或玩遊戲，並跟其他粉絲一同玩樂。會場還會像影展一樣鋪上紅毯，表彰粉絲的代表。

儘管聽起來就像演藝圈的活動，但這確實是手機公司的營銷活動。小米成長的原動力就是與用戶之間的交流。它會聽取小米產品的狂熱支持者「米粉」的聲音，將他們的意見應用在產品研發上。米粉是小米的「米」和粉絲的「粉」所組成的名詞。而在進行銷售時，小米也會透過米粉間的口耳相傳和社群網路服務（Social Networking Service）來擴大對產品的評價。這種利用使用者進行宣傳的手法稱為病毒式行銷。小米以無廠科技公司的模式成立後，便將所有經營資源集中在微笑曲線理論中的下游部分（行銷），因而有了今日的成長。

硬體素人的創業夢

小米的創立者雷軍和其他幹部原本都是軟體的專家，對電子機器一竅不通。於是他們選擇把硬體的生產外包給其他公司，以無廠模式起家。過去，想在資通訊設備領域以無廠模式出發幾乎是不可能的事。儘管有宏碁轉型成無廠公司的前例，但宏碁有過去從事代工製造累積的基礎，並擁有很多製造電子零件和半導體等硬體的專家人才。即便是美國最有名的無廠科技公司蘋果，該公司的兩位創始人最初也是從替人組裝電腦開始做起。不過，2010年的中國已經具備沒有工廠也能創業的環境了。

當時，以台灣公司為中心的代工生產企業已在中國各地設立電腦和手機的組裝廠，並把觸角拓展到電子零件產品。而半導體晶片也能以低廉的價格向亞洲企業採購。至於作業系統（OS）則有Google免費提供的Android系統。再加上當時已跟宏碁的時代不同，除了電子郵件外，連社群網路也已相當普及，企業可以直接與消費者互動。

小米在推出自己的手機產品前，首先公開了自家開發的作業系統。那就是在2010年發表的「MIUI」。這套作業系統是以Google的Android系統客製而成，當然，誰都能自由安裝使用。小米的工程師一邊在網路上跟試用者交流，一邊持續改良這套系統。他們固定於每週五推出改良後的新版本，然後在隔週的星期二募集用戶的意見和感想。接著再根據蒐集到的意見，在星期二、三、四這三天修復錯誤或改良操作體驗，然後於星期五公布下一個版本。反覆進行這個過程。

而站在使用者的角度，等待吸取自己意見的改良版上線也變成一種樂趣。最初使用者只有100人，後來增加到幾十萬人。小米每週都會表揚改良有功的員工，而且就連要表揚誰也是由用戶投票決定。最優秀獎可以拿到一大桶爆米花。這讓小米的使用者感覺自己也參與了開發，為小米公司的事業出了一分力。慣於使用網路的年輕人都顯得相當樂在其中。

等到作業系統趨於完善，小米便開始賣手機。小米手機的組裝是委託給台灣的代工生產企業鴻海與英業達（Inventec）。在販賣手機方面，小米也採用了讓使用者參與研發和營銷的戰略。從第一代產品開始，小米就採取在網路預購販售的形式。每週的星期五接受預約，並在星期二開放下單。同時，小米還呼籲用戶在微博和微信等社群平台分享自己喜歡的功能。

中國在智慧型手機剛開始普及的初期，一支手機普遍要價也要500美元以上，但小米卻用300美元的價格推出跟其他先行廠牌性能幾乎完全一樣的高性能手機。小米不只把生產作業外包給代工生產企業，還利用線上銷售省下額外的開銷，因此得以實現低廉的價格。小米也在外盒包裝上下足工夫，讓產品具有高級感。後來小米更推出價格只有100美元左右的超低價產品以提升市占率，在成立第11年的2020年達成人民幣2458億元（約新台幣1兆元）的營收，躋身大企業之列。

小米的行銷手法或許評價兩極，也有不少人認為小米對中國科技業的發展毫無貢獻。有人批評他們過度將經營資源投入下游部分，對半導體開發等尖端技術的投資太少。當其他公司也加入低價智慧手機的戰場後，小米的價格優勢便蕩然無存。小米在2020年於北京設立了手機的自動化組裝工廠。這相當於宣布他們將從無廠公司轉型。除了手機之外，小米近年還將產品線延伸到電子鍋等家電和電動車（EV），未來的發展方向令人關注。

該重視上游或重視下游

由於無廠科技公司沒有中游的組裝事業，因此可以投入更多經營資源在下游的營銷部分，同時也能投入上游的研發。困難之處在於上下游之間的平衡。美國的蘋果公司擁有自己的OS和半導體設計團隊，上游的研究開發實力堅強，另一方面跟App開發公司進行協調以搶攻市場的能力也十分優秀。只要擁有豐裕的資金，就能同時將經營資源投入上游和下游，但資金有

圖2-2　無廠公司的類型

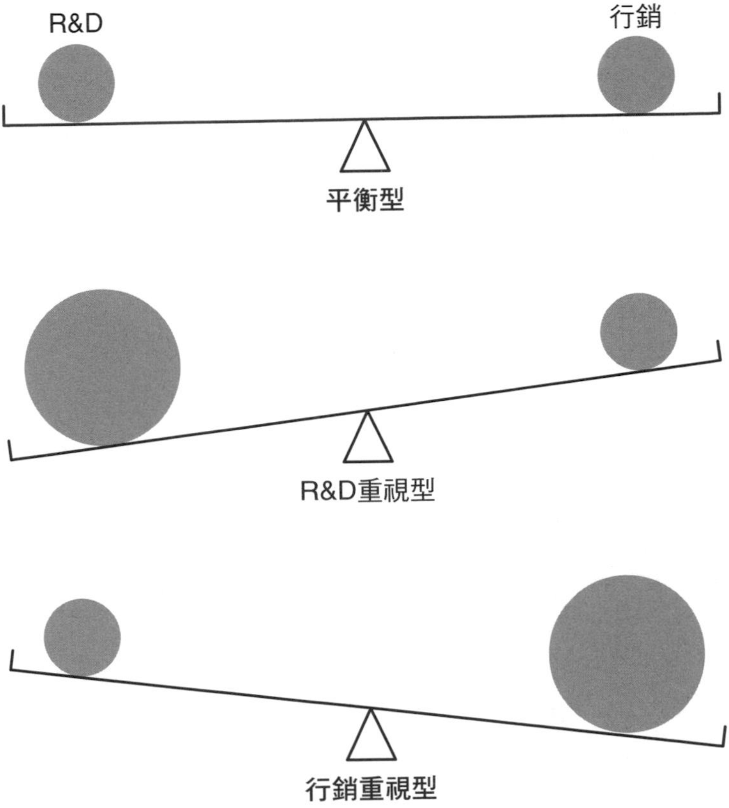

限的無廠公司則很容易只偏重其中一方。

在轉型為無廠公司之後，宏碁雇用了義大利出身的蔣凡可・蘭奇（Gianfranco Lanci）擔任集團總經理暨執行長（CEO），使該品牌在歐洲的銷量急速提升。2009年，宏碁電腦的全球市占率一度攀至14%，成為世界第二大品牌。但後來宏碁在平板電腦等新的資通訊設備上反應太慢，於2012年之後再度陷入經營危機。在成為無廠公司後，宏碁的產品開發完全依賴ODM（採購方委託製造方設計・生產）企業，導致沒能跟上潮流的變化。2011年度，宏碁的研究開發支出只占其營收的0・2%。結果創始人施振榮不得不在2013年再次回歸經營團隊，重新強化宏碁的研究開發能力。

相反地，隨宏碁腳步轉型為無廠公司的華碩則過度注重研發能力。儘管華碩的技術實力頗受肯定，但ASUS品牌的市場滲透率卻無法跟上，遂一直落在宏碁之後。現在華碩也開始在印度和巴西舉行智慧手機的線下體驗活動，嘗試利用社群傳播和病毒式行銷。儘管晚了一步，但該公司也開始在下游領域注入火力。

3 半導體設計＝聯發科技（MediaTek，台灣）

台灣的無廠半導體公司聯發科技於2020年11月，發表了針對5G（第5代行動通訊技術）智慧手機的系統單晶片（SoC）新產品「天璣700」。這是一款7奈米製程（1奈米為10億分之1公尺）的中低價格帶產品。過去很多中國手機廠牌都使用聯發科的晶片，推出了多款定價200美元以下的中低價位手機。在聯發科針對中低價格帶的5G晶片上市後，未來250美元以下的手機也將能支援5G訊號。

在下游領域開始無廠化的同一時期，上游領域（半導體晶片）的無廠化也在進行中。針對半導體代工生產特化的台灣積體電路製造（TSMC）、聯華電子（UMC）等晶圓代工事業在台灣誕生，支持著像美國高通這樣的無廠半導體公司成長。為了追上美國，台灣也培植了聯發科等半導體設計公司。由於隔壁就有巨大的晶圓代工廠，台灣會出現無廠半導體企業也是十分自然的事。

低價手機的幕後推手

聯發科靠販賣智慧手機用的廉價晶片實現了業績成長。半導體晶片依運算功能、影像處理功能、通訊功能等用途分成數個種類。過去電子產品需要同時安裝多個不同用途的晶片，導致體積變大，為其一大缺點。於是便有人想到能不能把所有功能都整合在一個晶片上。這就是所謂的系統單晶片（System-on-a-Chip），又簡稱為SoC。

（註）SoC和晶片本來是兩個不同的概念，但現在在商業上被視為同一個東西。

只要使用將各種功能集中封裝在同一個載板的SoC，就能做出體積更小的電子機器。現在只要一支智慧手機就能打電話、錄音、攝影、玩遊戲，全都要歸功於SoC。反過來說，只要有SoC，接下來只要備齊記憶體、顯示面板、相機鏡頭、電池和外殼，就能做出智慧手機

表2–1　智慧手機SoC的市占率（%，以出貨量為準）

品牌	國家・地區	2020年1～3月	2021年1～3月
聯發科	台灣	24	35
高通	美國	31	29
蘋果	美國	14	17
三星	韓國	14	9
海思	中國	12	5

[出處] Counterpoint

的雛形。新興國家的無名廠牌之所以能輕易做出白牌智慧手機，也是因為SoC的出現。

第一個推出智慧手機專用SoC的是美國高通公司。雖然美國的蘋果公司和韓國的三星也有自己的SoC，但這兩家公司的SoC都只裝在自家產品上。除了三星之外，其他兩家公司都是無廠半導體企業，實際的生產作業是由台積電等晶圓代工廠負責。而就在此時，聯發科靠著低價的SoC加入戰場。由於聯發科的出現，新興國家的小手機廠牌終於不用再購買昂貴的美國晶片，得以使用聯發科的晶片推出100美元左右的手機產品。

聯發科是在1997年從台灣的晶圓代工公司聯華電子（UMC）的相關企業獨立出來的。最初這間公司的業務是設計CD-ROM、DVD、藍光播放器用的SoC，後來靠著電視用的SoC一口氣成長。在當時，只要組合低價的液晶面板和聯發科的SoC，就能組裝出便宜的電視。我們不妨說手機業界發生的低價現象，早就在電視產業發生過了。聯發科為了讓自己研發的晶片被更多公司採用，甚至派遣技術人員到生產手機等產品的代工企業，指導他們如何安裝和調校最終產品。

然後智慧手機的時代正式到來。聯發科販賣低價格的智慧手機SoC，被許多中國新興的手機廠牌所採用。採用聯發科晶片的企業有華為技術（Huawei）、OPPO、小米等等。過去動輒超過500美元的手機零售價因而降到300美元、200美元，便宜的機種甚至只要100美元左右。

為什麼歷史尚淺的聯發科能研發出低價的晶片呢？這都得歸功於半導體業界的深度分工。為了省下從零開始開發半導體晶片的金錢和時間，大多數公司都會利用其他公司已經開發出來的電路資料（data）來開發晶片。這些已經做好的電路稱為IP Core（據說是因為電路資料屬於智慧財產，所以才叫做"Intellectual Property Core"），如英國的Arm公司和美國的新思科技（SNPS）皆為具代表性的IP Core研發企業。

無廠半導體公司會支付權利金給Arm等研發公司，使用他們設計的IP Core，然後組合多個IP Core，再加上通訊模組等功能來開發系統單晶片。後續只要交給台積電等晶圓代工公司生產即可。IP Core研發公司和晶圓代工公司的分工，大幅降低了製作半導體晶片的難度。不只是聯發科，中國華為旗下也擁有自己的半導體設計公司海思半導體（Hisilicon），會委託晶圓代工廠生產晶片。

根據香港市場調查公司Counterpoint的資料，2021年第一季智慧手機SoC的全球市占率以聯發科（35%）和高通（29%）遙遙領先。接下來依序為蘋果（17%）、三星電子（9%）、海思（5%）。從中可以窺見低價晶片席捲手機業界的狀況。

亞洲的水平分工已幾近完成

亞洲出現有能力設計SoC的半導體企業具有兩大意義。一是可以藉由採購比美系晶片便宜許多的晶片，製造超低價格的手機。二是即使不向美國公司採購關鍵零組件，也有能力製造電子機器。

迎來智慧手機的時代後，電子機器的生產已接近「水平分工」。在過去，個人電腦只能使用美國英特爾生產的CPU，而作業系統（OS）的部分也幾乎被微軟的Windows系統所壟斷。Windows和英特爾的「Wintel」聯盟曾經君臨整個電腦業界。即便有亞洲太平洋的水平分工，利潤仍大多由這兩間美國公司掌握。加上戴爾和惠普（HP）等美國品牌的全球市占率高，很多亞洲的代工企業只能被迫接受美國廠商的無理要求。

然而智慧手機改變了這個結構。現在SoC可由亞洲企業設計，並直接在亞洲的晶圓代工廠生產。作業系統也有Google免費提供的Android系統，不再像個人電腦時代那樣會受到軟體供應商的箝制。中國的華為就選擇開發自己的作業系統，嘗試擺脫對Google等美國科技企

圖2-3 亞洲水平分工體系趨於完善

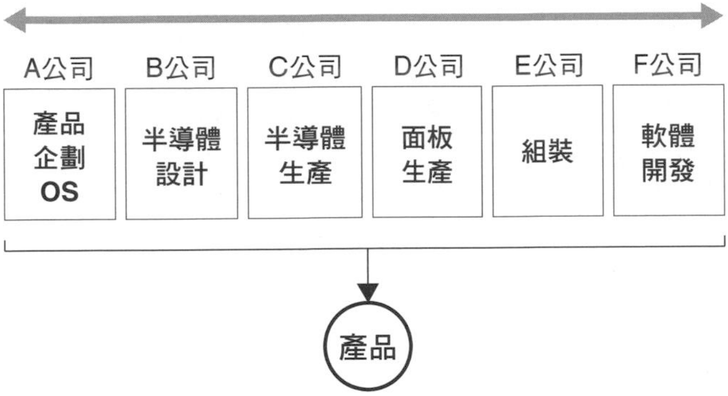

業的依賴。

另一方面，電子機器的組裝精密度愈來愈高，如今沒有亞洲代工生產企業的協助，就無法製造電子機器。在下游領域，小米等亞洲無廠科技企業的品牌實力愈來愈強，連上游的半導體企業也無法忽視其影響力。可以說亞洲的分工模式並非由負責特定工程的單一公司支配整條產業鏈的分工，而是更接近數間力量均衡的企業彼此分工。

然而，一旦亞洲區域內的電子產品產業，其分工生產體系在包括要有中國的參與才能完成，就會對美國造成一大威脅。因此美國政府為了將中國企業從供應鏈中剔除，近年來頻頻拉攏台灣企業，吸引它們將晶圓代工廠和液晶工廠從亞洲遷移到美國國內，而且不只運用商業手段，也愈來愈常使用政治策略。分工範圍和供應鏈也快速向印度和東南亞擴大，未來後續的發展值得我們關注。

（註）水平分工、垂直分工、垂直整合、工程間分工

不同的論述者對產業分工所使用的術語都不盡相同，往往帶來混亂。原本水平分工和垂直分工是貿易理論的用詞。垂直分工是用於描述開發中國家提供原料等初級產品，藉此來交換先進國家生產的工業產品。這種交易對擁有工業產品的先進國家較有利，因此先進國家與開發中國家具有上下位關係。而水平分工則是指先進國家之間互相交換自己擅長的工業產品。

而商業理論中的垂直分工和水平分工則有不同涵義。垂直分工是依據經營決策而有的分工，位於上游、中游、下游的各部門具有上下從屬關係。例如汽車零件和銷售的「系列」就屬於垂直分工。如果垂直分工全在同一個企業內完成就叫做垂直整合。相對於此，水平分工沒有上下從屬關係，是不同功能的部門和專門企業以對等的立場相互合作。

那麼電子機器的分工屬於水平分工還是垂直分工呢？從企劃開發（A公司）、組裝（B公司）、零組件（C公司）的關係來看，或許比較接近垂直分工。因為負責研發產品的A公司影響力最大。且現實中B公司通常從屬於A公司，而C公司又多從屬於B公司。不過，ABC各公司的關係又不像汽車產業那樣固定不變，隨時都可以改跟其他公司合作。

儘管電子機器的分工有些地方很難斷定是垂直分工還是水平分工，但現在愈來愈多人使用水平分工這個說法。為了避免混淆，也有些論述者不用垂直或水平的說法，改用「工程間分工」一詞。因為在現實中依照供需關係和技術力等條件，有時負責某個工程的特定企業會擁有較大的控制權，有時則是各企業的關係接近平等。對於水平或垂直的判斷會隨著時間和條件而改變。在實際的商場上，嚴密的定義其實並不太重要。

第3章

垂直整合——產生加乘效應的自前主義的復甦

水平分工的出現，使日本的電子產品業界遭受毀滅性的打擊。在價格戰中，日本企業完全打不贏那些以市場為媒介有效結合的專家企業群所製造的產品。雖然日本在慢了好幾拍後也開始提倡水平分工，但亞洲也有不少靠垂直分工大幅躍進的企業。

1 死守垂直整合＝三星電子（韓國）

2020年全球經濟因新冠肺炎疫情蔓延而陷入困境時，韓國的三星電子於7～9月創下史上最高營收紀錄的66兆9600億韓元（約新台幣1兆5600億元）。手機的銷量急速回升，手機用晶片和顯示面板的成績也相當亮眼。由於三星是採一條龍的模式生產智慧手機和電視等終端產品，因此每賣出一台終端產品，零件部門的業績也會跟著成長。此外，三星還會在景氣不佳時進行巨額的設備投資，在景氣好時則用強大的生產能力甩開競爭對手。

三星電子的商業模式，屬於從產品開發到重要零組件的製造、組裝、銷售都由自家公司完成的垂直整合模式。三星是集團企業，除了擁有半導體、顯示面板（液晶．OLED）等電子零件的工廠，也有消費者導向的電視和手機等終端產品的組裝工廠。三星旗下的烘乾機、洗衣機、冰箱等白色家電在美國的市占率很高。而在韓國國內，三星品牌的個人電腦銷量也持續長紅。三星跟提供零組件和生產設備的合作企業關係也很密切，是以三星總公司為核心組成的巨大垂直整合體。

靠規模與速度甩開競爭對手

三星在設備投資方面的花費相當驚人。2020年新冠肺炎大流行，全球經濟衰退，三星卻在這年進行了高達38兆5000億韓元的投資。每次遇到經濟不景氣時，外界總會唱衰三星「這次真的要完了」，但實際上三星卻是第一個擺脫疫情陰霾的公司。過去每當經濟不景氣時，三星就會增加各部門的設備投資，藉此甩掉競爭對手。2020年第3季時，三星便因手機產品熱賣，帶動了集團內半導體、面板的需求，在中下游的加乘效應下一口氣提高了獲利。

垂直整合模式具有幾個優點。首先是能創造加乘效應。只要終端產品賣得好，上游的半導體、顯示面板的業績就會跟著提升，讓上游和下游都能獲利。同時還能享受到規模化帶來的好處。規模愈大，就能用愈低廉的價格提供大量零件，產出大量價格低廉的終端產品。如此便能在零售階段凌駕競爭公司的產品。

其次是速度。由於水平分工是多間獨立的企業合作製造產品，因此需要時間去協調溝通。企業之間還要議價，也會壓縮到某些公司的利益。而垂直整合可以在同一集團公司或合作企業的工廠內迅速調度零件，投入組裝。三星從商品企劃到完成試作品只需要3個月的時間，相較於大多的日本企業最快也要6個月，速度快了一倍以上（《夕陽王國 三星》，日文原書名《斜陽の王国 サムスン》，週刊東洋經濟e商業新書，No.135，2015年）。在景氣良好時，可以一氣呵成地推出商品。

活用垂直整合的好處，還能實現快速追隨者（Fast Follower）的策略。也就是當有人以新概念或新技術研發出新的有力產品，就可以快速急起直追，當領先企業正在猶豫要不要擴大產能時，你已經用產量和速度搶奪市占。三星之所以能實現快速追隨者策略，正是因為擁有自己的生產設備。實際上三星產品的全球市占率在電視已達3成，手機有2成；在零組件方面，半導體的DRAM有4成，手機用面板更達到5成（2020年）。

至於垂直整合模式的缺點自不用說，就是巨大組織導致的嚴重官僚主義。各種手續和調整機制變得繁複瑣碎，且存在大量因循守舊的管理階級。部門間往往互相爭奪經營資源、資訊及人才，以避免被其他部門搶走。企劃、零件、生產、銷售等各部門之間壁壘分明，難以溝通協調。部門之間的磨合相當花時間。難得自家集團內（包含合作企業）擁有各種零組件和組裝的工廠，卻無法發揮強項，因而延誤產品推出的速度。儘管也有很多企業採用事業部制、分公司化，不過也有很多反而因此加深了本位主義，導致各事業部重複生產或是投資研發同類產品的情況。

圖3-1 資訊共享可彌補垂直整合的缺點

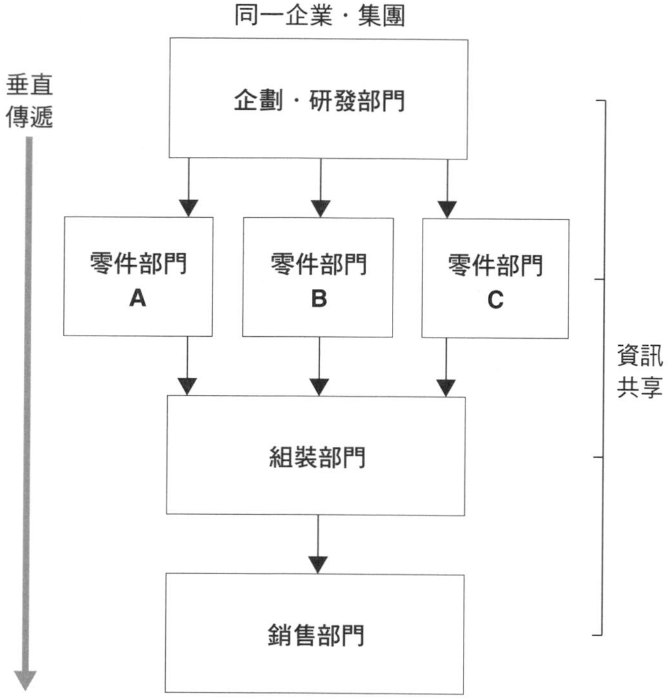

而且垂直整合型企業往往缺少成本管理意識。因為每個部門都只想著要達成自己的目標。為了完成被交付的任務，各部門會投入大量的時間和金錢以求做出完美的企劃。在水平分工的模式下，各公司如果要活下來，就必須壓低成本和時間，同時努力提高品質。而在垂直整合的模式中，每個部門支出的成本通常無法直接看到。為了得到部門領導者的讚賞，部門內的員工會過度追求完美。結果導致做出來的產品成本太高。

至於垂直整合模式最大的

缺點，就是加乘效應這把雙面刃。一旦開發出來的產品賣得不好，就會連帶波及組裝部門，而組裝部門的不振又會波及零件部門。組裝、零件工廠的運轉率降低，工廠就會變成養蚊子的地方。工廠的資產價值下降，財報上就得列入資產減損，繼而影響資金調度。夏普在2000年代就曾增設最先進的液晶面板工廠，結果因為液晶電視賣不出去，被迫認列資產減損。所以垂直整合可說是一種「有賣才有賺」的商業模式。如果在消費者市場賣得不好，就算握有再先進的技術，零件和組裝也只能生死與共，沒什麼好下場。

老闆一聲令下進行組織改造

三星也深受垂直整合型企業的缺點所苦，所幸在發展的過程中也保留了濃厚的直掌企業色彩。三星的老闆身邊隨時設有輔佐集團整體營運的參謀團隊。這個團隊有時叫結構調整本部，有時叫戰略企劃室、未來戰略室等等，名稱經常變動，但基本工作都是蒐集集團的資訊，幫助老闆做出正確的決策。直到2017年未來戰略室被廢除為止，此單位一直是這個巨大組織的司令台，幫助三星迴避了巨型組織容易遇到的經營方針動搖或跟不上時代的問題。

後來在老闆一聲令下，三星展開組織改造，重整了垂直整合的模式。三星集團第二代會長李健熙（2020年過世）生前發表的「新經營宣言」十分有名。李健熙對當時三星集團的組織僵化抱有危機感，於是1993年在德國法蘭克福召集全體董事，下達「除了老婆孩子，一切都要變」的指示。這就是後來被稱為「新經營宣言」的組織改造號令。

三星首先改變了產品製造的方法。在採用垂直整合策略的企業中，產品開發的資訊是依照企劃↓設計↓製造↓銷售的流程依序往下傳遞，所以從企劃到實際推出商品的過程相當花時間。根據《三星的決策為什麼是全球最快》（日文原書名《サムスンの決定はなぜ世界一速いのか》，吉川良三，KADOKAWA，2012年）一書中所述，三星將所有與產品開發相關的資訊全都數位化，建立了一元化管理體系（PDM：Product Data Management）。除了與企劃、設計、生產、零件調度、銷售有關的資料外，就連海外法人、合作工廠、銷售店鋪的資料也全都集中在一處，只要登入這個資料庫，就能馬上知道哪個部門現在在做什麼工作。

換作是以前，必須等到產品設計完成才能開始進行零件採購和工廠生產的準備，要是無法確定生產排程和數量，業務部門就沒辦法啟動。但現在只要利用PDM取得被集中在一處管理的資料，中游的採購部門從企劃階段就能開始準備零件。而在下游的業務部門改變預估銷售量時，中游的採購部門和生產部門也能在第一時間給予回應。所有部門不需要等待其他部門的聯絡，就可以同時動起來一起把新產品推入市場。此外還能同時開發多項產品，也能進行多品項的少量生產。這套系統彌補了垂直整合模式中資訊容易在部門間被阻斷的缺點，大幅縮短了商品投入市場的時間。

「有賣才有賺」的垂直整合

三星的第二項改革是把「有賣才有賺」的市場意識，深植到公司每個角落。過去三星的材料支出約占產品營收的7成。比起將材料支出控制在製造成本6～7成的日本企業還高。終端產品的價格比日本產品更低廉，零件卻跟日本一樣貴，所以根本賺不了錢。於是三星開始推行一項運動：精簡產品功能，使材料費降低2成。三星從產品售價回推，嚴格控制開發、零件以及生產的成本。一旦發現成本太高就馬上停止開發。

垂直整合模式很容易遇到各部門忽視整體獲利，過度專注於細節設計和技術的問題，但三星讓市場營銷專家從開發階段就參與介入，以防止技術人員追求自我滿足。半導體研發部門也配置了許多市場營銷人員。根據《支撐韓國企業國際化經營的組織．機能》（日文原書名《韓国企業のグローバル経営を支える組織・機能》，御手洗久巳，『知識資產創造』野村綜合研究所，2011年）一書中所述，三星的DRAM和快閃記憶體事業，合計約有500名的商品企劃和市場營銷人員（不含業務人員），LCD面板也配置了150人左右的商品企劃和市場營銷人員。

三星在零售階段的市場營銷支出也十分龐大。2012年三星的市場營銷支出便高達12兆9000億韓元，約占營收的6．5%，換算成日幣超過1兆日圓。不論哪個機場都能看到三星的廣告看板，不論哪個國家都能看到三星的電視廣告。投入巨額的資金進行宣傳，不計一切提升產品銷量。雖然概念不同無法直接比較，但索尼在2011年度的廣告宣傳費用（合併計算）是3571億日圓。

而三星的最後一招，則是重視新興國家市場。製造流程的改革，使三星有能力在短時間內進行多品項的少量生產。於是三星配合各個新興國家微妙的喜好差異，在不同國家投入不同的產品。沒有過剩的性能和規格且定價合理的三星產品，在所有新興國家都大受歡迎。根據市場調查公司Counterpoint的資料，三星手機的全球出貨總量占比（2019年第3季）雖然只有21%，但在新興國家市場的中東、非洲地區卻以29%的市占率獨占鰲頭。

在雷曼兄弟事件後，美國等先進國家市場萎靡不振，而依賴先進國家市場的日本企業，營收也隨之下滑。此時，三星靠著新興國家撐過這波寒冬，並在後來美國景氣復甦時一整個大躍進。前面也有提到，垂直整合的商業模式是「有賣才有賺」。一旦終端產品賣不好，巨大的生產設備就會空轉。而三星憑藉著改革生產體制和靈活的市場戰略，避開了垂直整合的缺點。

自前主義[2]是企業發展的原點

日本進入2010年代後，電子產品業界頻頻出現企業破產和陷入經營危機的問題，這

譯註2：「自前」為日文，意思是「凡事都自己來」。

些企業大多擁有自己的生產設備，它們所採取的垂直整合模式遭到猛烈的批判。不知不覺間，垂直整合模式在日本被視為落伍過時的做法。尤其是擁有巨大液晶工廠的夏普，更常被視為因為過度的自前主義導致失敗的案例，但夏普之所以如此執著於上游領域是有原因的。夏普是日本第一個生產出黑白電視的日本公司，但在生產彩色電視時卻選擇向其他公司採購映像管來進行組裝。

一位匿名的公司幹部曾經投書回憶當時的狀況：「我們從外面採購裸玉（映像管），組裝成電視，然後貼上夏普的牌子來賣。然而當商品在賣場實際上架時，因為我們的品牌沒有競爭力，只好用比其他廠牌更便宜的價格來賣。這樣當然賺不到錢。但是大家只能假裝視而不見。真的做得很痛苦。」（《日本經濟新聞》2012年3月20日，「電視敗仗『失敗的本質』」，日文原標題「テレビ敗戦『失敗の本質』」）。

當時夏普若想要繼續發展，唯一的辦法就是讓自己擁有生產核心組件的能力。於是曾在映像管嚐到苦頭的夏普持續挑戰顯示裝置的研發，終於掌握了液晶電視的核心組件液晶面板的市場。雖然最後對液晶部門的投資造成財務上的重擔，導致公司經營陷入危機，但在被鴻海收購後，夏普很快就擺脫赤字。這意味著只要節省多餘的成本開銷，把終端產品的電視機賣出去，就算是自前主義也可以活下來。

美國的蘋果公司也從2020年開始，全面改用自家設計的電腦CPU（中央處理器），並將自己設計的CPU委託晶圓代工廠生產。過去蘋果的個人電腦產品長期使用英特爾的CPU，但改用蘋果自己研發的CPU後，就更便於與iPhone、iPad等其他蘋果產品連動。過去蘋果並沒有自己研發的CPU，而是使用美國摩托羅拉和IBM的CPU。儘管蘋果沒有自己的硬體工廠，但卻擁有自己的作業系統（OS）、自己的CPU、Apple Store等自己的銷售網路，也是一種垂直整合的經營形式。

垂直整合模式是企業擴大事業的原點。因其本質就是靠自己的力量生產自家產品的零件。只要經營得好，就可以為企業帶來高獲利和加乘效果。或許，我們應該從三星和夏普的案例冷靜地分析自前主義的優點和缺點。

2　供應鏈型垂直整合＝比亞迪（BYD，中國）

中國電動車（EV）大廠比亞迪（BYD）在2018年正式啟動位於中國青海省西寧市的全新鋰電池工廠。該公司車用電池的年產能為24GWh（百萬瓩時）。目前BYD的插電式混合動力車（PHV）產量已達到120萬輛。據說青海省的鋰資源儲量約占全球總量的3分之1。因此BYD與生產化學產品的青海鹽湖工業等公司合資在青海省建立了碳酸鋰工廠。碳酸鋰是製造鋰電池不可或缺的材料。

專精於單一領域的企業最害怕的事，就是產業環境發生巨變，導致自家公司的事業突然失去用途。「選擇與集中」的經營手法雖然也很重要，但為了存活，「多樣性（diversity）」也是必須面對的課題。前面我們看過了生產自家產品時從組裝到調度零件全都自己包辦的商業模式，本節則要介紹跳脫自家產品的框架，跨足不同產業的成長方式。這種模式最常見的手法就是沿著上游（資源）、中游（中間財）、下游（消費財）形成的供應鏈來擴大事業。這也屬於一種值得稱許的垂直整合型商業模式。

靠內部供應鏈降低風險

只要在公司內部或集團內建立縱貫上游到下游的長供應鏈，就能發揮好幾層的加乘效果。而且內部供應鏈還具有保障交易安全的好處。外部供應鏈的採購方可能會遇到供應量突然減少，或是價格突然提高的風險。相對地，外部供應鏈的供應方也可能遇到採購量突然減少，或是惡性殺價的風險。若能在自家集團內採購原料、材料、零件，並向自家集團穩定地供應產品，就能增加事業的穩定性和安全性。

BYD是1995年由學者出身的王傳福在深圳成立的電池公司。起初是販售電池給台灣的手機製造商，後來客戶擴大到美國的摩托羅拉以及芬蘭的諾基亞。在發現光靠手機與筆電用電池事業公司的成長其實非常有限後，BYD在2003年開始從事手機的組裝業務。其

圖3-2 垂直整合的型態

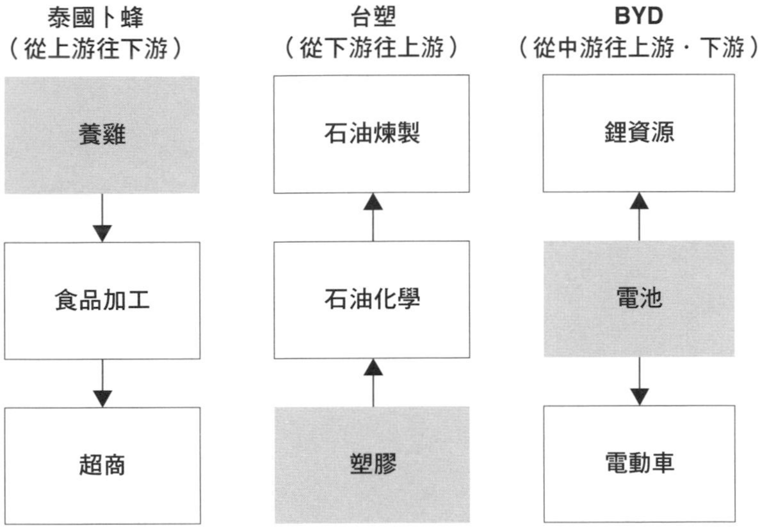

最初的目的是讓更多產品使用自家生產的電池，屬於典型的沿著供應鏈擴大事業範圍的模式。

同一時期，BYD也把觸角伸入汽車製造業。BYD收購了經營困難的中國汽車製造商，開始少量生產自己的汽車。王傳福或許早有預感在不久的將來，電動車（EV）的時代即將到來，因此看到了把自家的電池搭載在自家電動車上的加乘效應。當時，與企業做生意的中間財製造商親自跳下來製造屬於消費財的汽車，並直接賣給消費者，被外界認為是難如登天。但在獲得美國著名投資家巴菲特的投資之後，BYD花了超過10年的時間，在2020年已經成功賣出18萬9000輛的電動車和其他新能源汽車。

BYD先是從中游（電池）跨足到手機

和電動車等下游領域，隨後又進軍上游產業，在中國西部的青海省從事鋰電池材料碳酸鋰的生產業務。2021年BYD還接受生產磷酸鐵鋰電池的貴州安達科技進行增資。一旦電動車普及，各大車廠就會開始瘋搶生產電池的原料。為了確保原料供應，BYD才進軍資源開發領域。只要成功的話，就能在自家集團內建立從原材料到中間財、消費財的完整供應鏈，降低來自外部的風險。

從下游到上游，從上游到下游

BYD是從中游往下游和上游延伸，但也有很多企業是從下游往中游再到上游，逆流而上發展。台塑集團（Formosa Plastics Group，台灣塑膠工業股份有限公司）最初是一間製造合成樹脂聚氯乙烯的企業。後來該公司開始生產合成樹脂原料的石油化學產品，成為全球數一數二的對苯二甲酸和乙烯製造商。不僅如此，台塑集團還把觸角延伸到石油化學產品上游的石油煉製事業。過去日本的帝人公司也是從化學纖維產業逆流而上，進攻石油化學工業，並在1970年代與石油開發公團一起參與伊朗油田的開發。

另外也有一些亞洲企業是從上游往下游發展。例如泰國的卜蜂（CP）集團。卜蜂最初是從飼料公司發展起來的，並在1970年代進軍肉雞和肉豬的養殖事業。卜蜂讓農民去養雞和養豬，等牲畜長大後再進行收購，運到工廠處理成肉品。後來更把自家生產的肉品加工成火腿、香腸、冷凍食品等產品。1980年代，卜蜂進軍超市和超商等零售業，開始販賣自家的產品。從上游的飼料供應到在下游的超商販賣冷凍食品，集團內部形成了一條完整的供應鏈。

供應鏈型的垂直整合通常不會限制只能跟自家集團的公司採購，除了同集團內的公司外，也可以跟集團外的企業做生意。集團旗下的子公司雖是組成內部供應鏈的棋子，但只要有商機的話，任何位於上、中、下游的子公司都可以獨立擴大事業。不依賴集團也能靠自己的事業賺錢乃是最理想的型態。這類集團的經營會逐漸發展成垂直整合和水平分工的融合體。

3 垂直整合與水平分工相互靠攏＝TCL科技集團（中國）

2020年，中國電視製造龍頭廠商TCL科技集團的高畫質8K電視用液晶和有機EL（OLED）的生產線正式開始運作。該工廠由子公司的TCL華星光電技術在廣東省深圳負責建造和營運。該工廠每月約可生產9萬片第11代（約3公尺平方）面板玻璃基板。投資金額高達人民幣427億元（約新台幣1900億元）。另一方面，TCL科技在同年收購了進行電視代工生產的茂佳國際。未來TCL將使用自家集團的面板，為國內外的知名品牌企業生產電視。

最近，單一企業集團同時經營垂直整合和水平分工兩種事業的情況愈來愈多。水平分工體系內的中游（組裝）企業利潤微薄，所以向上游或下游發展算是一種求生本能。如同第2章介紹過的微笑曲線理論所示，很多中游企業在成長的同時，便會逐漸往垂直整合模式靠攏。電子產品業通常會傾向往半導體或顯示面板等附加價值高的上游領域（關鍵零件產業）發展，有時也會把觸角伸向同樣具有高附加價值的下游領域（品牌）。

表3－1　全球電視銷售營收占比（2020年4～6月）

品牌	國家・地區	占比（%）
三星	韓國	30
LG	韓國	15.3
TCL	中國	8.6
索尼	日本	8.1
海信	中國	7.3

［出處］Omdia

自家品牌、代工生產兩不誤

另一方面，隨著電子產品業界的分工細分化，對代工的需求也日益高張。因此有些企業會在透過垂直整合擴大事業的同時，又跟其他公司進行水平分工，出現有如此想法的企業，並不足為奇。不過就算把事業擴大到上游和下游，如果企業在下游的銷售能力相對較弱，那代工生產反而會變得更具有吸引力。因為在代工生產時使用自家公司的零件，可以避免上游事業生產過剩和隨之而來的工廠停工的經營風險。中國的TCL就屬於這一類。

TCL是位於廣東省的電子機器製造商，前身創立於1980年，最初是從事磁帶的生產製造。儘管當時TCL也有生產自有品牌的電話、電視等產品，但在國外的銷售能力很弱。為了彌補品牌力的不足，2003年TCL與法國的Thomson成立合資公司，整合了電視事業，並開始用Thomson旗下的RCA（美國的傳統電視品牌）品牌生產產品。後來又在2004年買下了法國阿爾卡特（Alcatel）的手機生產部門，也開始使用Alcatel這個品牌。

TCL還把觸角伸向上游。TCL進軍電視用的液晶面板事業，在2010年代於江蘇省蘇州設立液晶面板的合資工廠。另外還在廣東省正式生產可用於製作薄型電視的OLED面板。在面板持續增產的過程中，TCL進一步收購了原本就是自己旗下專營電視組裝的代工生產公司茂佳國際。此後TCL逐漸擴大替Panasonic等他牌電視代工生產的業務。

TCL在持續朝垂直整合方向發展的同時，又進軍水平分工的代工生產事業。相對於此，台灣的鴻海精密工業則是先擴大水平分工的代工生產，再透過垂直整合擴大事業。鴻海在2003年成立群創光電，進軍上游的液晶面板產業。然後又在2010年收購製造液晶面板的奇美電子，並與群創合併。而在收購夏普後，鴻海不僅成為液晶面板產業的龍頭，還得到了夏普這個品牌。

巨大化的鴻海靠著其規模，從宏碁遭遇失敗的中游（組裝）產業朝高附加價值的上游（關鍵零件）和下游（品牌）擴張，實現了施振榮的微笑曲線理論。鴻海一面在集團內替索尼代工

圖3-3　相互靠攏的垂直整合模式和水平分工模式

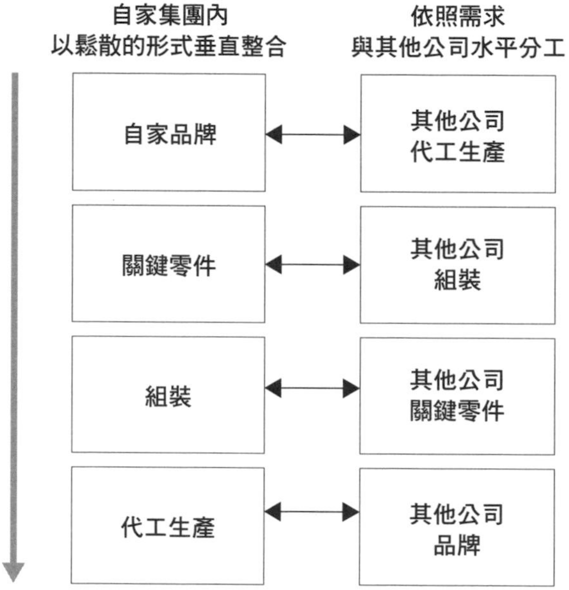

生產電視，另一方面又用一條龍的模式生產夏普的電視。可見，它同時朝水平分工和垂直整合兩方發展。

垂直和水平都應對自如的鬆散結合

TCL和鴻海之所以能同時推動垂直分工和水平分工，是因為它們把每個事業（unit）都獨立成一家公司。TCL旗下生產液晶面板的公司是華星光電技術，而代工生產電視的是茂佳國際。鴻海替索尼組裝電視的代工工廠和夏普的工廠也是分開的。儘管隸屬於同一個集團，但每個事業都是一間獨立的公司，在不同工廠生產不同品牌的產品。

未來的垂直整合或許會逐漸變成這種型態：同一集團內，從上游到下游的獨立企業以鬆散的方式結合在一起。因為在此模式下，集團內的各企業可以透過垂直整合持續進行生產，又可依照需求跟集團外的企業合作，穿插水平分工的生產模式進來。當然，為了使集團外的企業放心，內部的垂直整合生產和外部的水平分工生產之間必須壁壘分明。

韓國三星在2005年進入晶圓代工（半導體代工生產）領域，2017年時則將晶圓代工業務從System LSI事業部拆分出來，變成獨立單位。這與日本的子公司制類似，屬於半獨立的事業體。三星也曾替智慧手機的競爭對手蘋果公司代工生產晶片，假如自家產品與他家產品沒有明確的區隔，就有可能喪失客戶的信任。三星在晶圓代工領域的全球市占率超過15％，僅次於台積電的50％，排名世界第二。

集團企業以鬆散的方式結合，既可應對垂直整合也能應對水平分工。這讓垂直模式與水平模式的信仰之爭變得愈來愈沒意義，這證明了不管是視狀況在公司內部採一條龍作業，或是依照需求與其他公司橫向合作都是有可能的。企業要關心的不是該選擇垂直或水平的模式，而是要如何跟集團內的事業體或集團外的企業共享資訊，以快速步向生產。

1990年代三星開始改革生產流程，讓公司內的各部門共享資訊，有朝水平分工模式靠攏的傾向。目的是為了讓資訊不再是由上往下傳遞，使各部門能共享資訊並互相合作。這項改革使三星的垂直整合模式更加靈活，提升自家產品生產和進入市場的速度，這點前面已經說明過。換言之，融合垂直整合與水平分工這兩種商業模式的手法早就已經出現了。

靠水平分工成長起來的企業往垂直整合貼近，靠垂直整合發展起來的企業也開始嘗試水平分工。這兩種不同的商業模式正在相互靠攏。

第4章

毛澤東戰略（農村包圍城市）

——新興國家市場的勝利者就是世界的勝利者

或許是因為戰後的日本企業是靠美國市場茁壯的，所以很容易把戰略局限在先進國家的市場。新興國家的市場長期受到輕視，等發現時，這片寶地早已被亞洲企業瓜分殆盡。本章將分析亞洲企業是如何理解新興國家市場，並如何攻略的。

1　開拓農村市場的先驅者＝華為技術（Huawei，中國）

南非電訊龍頭之一的Rain使用中國通訊機械龍頭華為技術（Huawei）的通訊設備，在２０２０年成為非洲第一個提供５G（第５代行動通訊技術）網路的電訊商。非洲的ＩＴ（資訊科技）市場調查公司World Wide Worx的亞瑟・戈德斯塔克（Arthur Goldstuck）對媒體表示「非洲的基礎通訊設備有７成是用華為的機器」。根據俄羅斯衛星通訊社的調查，２０２０年第３季，俄國人在網路上購買的智慧型手機有３成是華為的產品。

一間技術和品質皆落於人後的公司成功實現後來居上，中國華為所展現的商業模式值得玩味。劣勢企業是無法正面跟握有優秀技術和品質的企業競爭的。在力不如人的階段，華為選擇避免跟優良企業競爭，把力氣放在優良企業還未進入的農村或新興國家等未成熟的市場。也就是在這塊市場提升營收，提高自己的規模、技術、品質之後再進入先進國家市場，追上甚至超越先行企業的成長模式。

與毛澤東的戰略理論一致

這個模式酷似中國建國領導人毛澤東提出的「農村包圍城市」戰略。1920年代，毛澤東還沒有得到中國共產黨的領導權，共產黨軍不停地在都市躍進。但共產黨的敵人國民黨軍在都市區的勢力穩固，共產黨軍的武裝起義頻頻失敗。就在這時，毛澤東提出應該放掉都市，以農村為根據地來實現革命。

最終毛澤東掌握了共產黨後，共產黨暫時撤出了都市，改以農村為根據地，搶奪地主的土地後再分給農民。共產黨軍吸收農村出身的士兵，規模變得愈來愈大。在1940年代後半的國共內戰中，規模龐大的共產黨軍擊敗了擁有大量兵器，固守在城市地區的國民黨軍。而華為則在商場重現了這個過程。

華為的創立者任正非於1944年出生在貴州省的一個貧窮小村莊。任正非長大後考進重慶建築工程學院，主修土木建築。據說任正非是在大學時代自學電子計算機的。畢業後任正非入伍成為基建工程兵，在此時接觸到基礎建設。毛澤東主政的1950年代到1960年代，任正非正值少年，度過了青春時代。一如同時代的多數中國青年，任正非在當時乃是毛澤

圖4－1　農村（新興國家）包圍城市（先進國家）

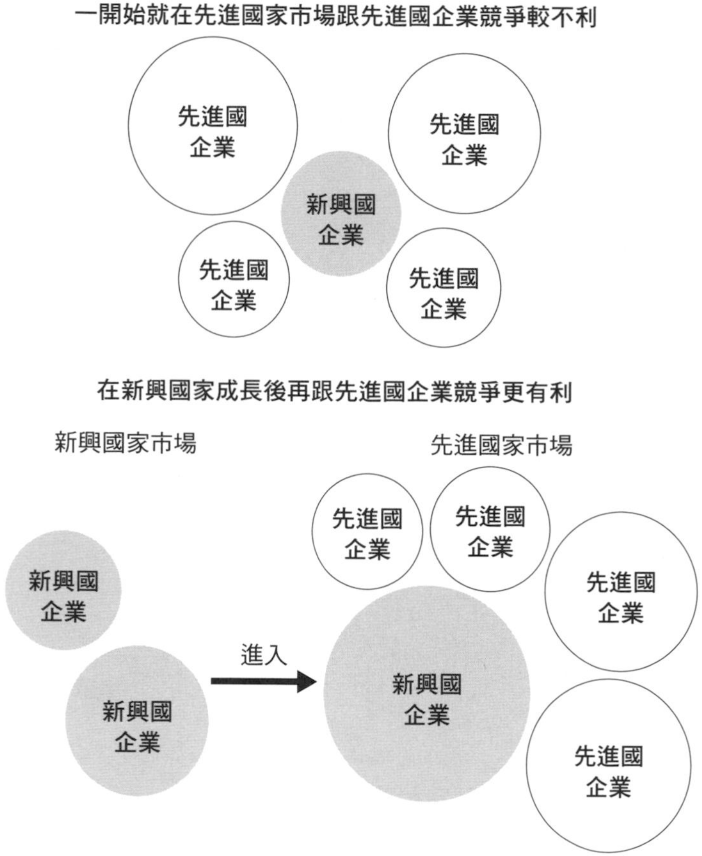

東的崇拜者。不論是從軍時期還是創立華為之後，任正非都經常閱讀毛澤東的著作。

後來，任正非在１９８７年於深圳創立了華為。一開始華為經營的是從香港採購電話交換機的代理銷售生意。進入１９９０年代後，華為開發了自己的電話交換機，但當時中國的電信機器業界被稱為「七國八制」的7個國家、8大企業的系統所瓜分。分別是日本的NEC和富士通、美國的朗訊科技（Lucent Technologies）、加拿大的北電網路（Northern Telecom）、瑞典的愛立信（Ericsson）、德國的西門子（Siemens）、比利時的貝爾電話公司（BTM），以及法國的Alcatel。

大都市的市場被外國的大型公司所占據，剛崛起的華為毫無發展的空隙。於是任正非在1993年做了一個重大的決定。他下令放棄大都市，改為攻略農村市場。當時占中國7成人口的農村地區連電話都還沒普及。華為組建了一支替農村地區裝設交換機的小型業務團隊，只用其他公司一半的價格來賣自家產品。1993年秋季起，華為的農村市場開拓戰略取得顯著成效，在1994年仍只有人民幣8億元（按2022年的匯率計算，約為新台幣36億元）的營收，在2000年時超過了人民幣200億元。在農村打下穩固基礎後，華為終於進入都市區，踏上成為大型企業的道路。

因為華為的發展軌跡跟毛澤東領導下共產黨崛起的方式很像，所以這個戰略又被叫做「農村包圍城市」。不過，任正非本人從未用這個詞稱呼華為的成長戰略。也許是因為任正非喜歡毛澤東這件事在中國廣為人知，所以媒體才取了這個名稱。華為避開都市、先確保農村市場的戰略不只用在中國本土。連在進軍海外市場時，華為也是先到先進國企業勢力尚未染指的新興國家市場穩固基礎。就跟中國農村一樣，當時外國的大型通訊器材廠商對是否要進入新興國家市場還舉棋不定。

首先是1997年時成立合資公司的俄羅斯。歐美的通訊器材大廠在隔年發生的俄國金融危機中撤出俄羅斯，只有華為留了下來，拿到通訊器材的訂單。同時華為在1997年於巴西成立合資公司，1999年在印度的班加羅爾設立研究中心。接著是進軍非洲。2004年華為拿到肯亞的大筆設備訂單，並在此之後陸續在非洲各國拿到行動通訊設備的訂單。

2006年華為簽下的訂單金額達到110億美元，來自海外的訂單占了65%。且其中有20億8000萬美元來自非洲市場。雖然華為在非洲用比歐洲競爭對手低5～15%的價格接單，但由於競爭對手本來就少，因此在非洲仍賺得荷包滿滿。儘管在非洲建造手機基地台並不是件輕鬆的工作，但華為在非洲的獲利卻比中國國內多了好幾倍。

來自美國的反擊

在新興國家站穩腳步的華為自2000年代後半開始全力進攻先進國家市場。華為將賺到的錢全部投入研發，大幅提高了產品品質。2005年拿到英國電信集團的訂單後，華為開始一點一點蠶食歐洲市場。華為過去的發展主要來自交換機和基地台等以通訊業者為客戶的業務，但進入2010年代後開始把觸角伸向智慧手機等一般消費型產品。

華為的智慧手機不只在新興國家，在先進國家也廣受好評，用農村包圍城市的戰略取得豐碩的成果。不過，華為自始至終都堅持不公開上市，企業內部有很多祕密。創始人任正非過去也有解放軍背景，因此一直有聲音質疑華為跟中國政府和人民解放軍之間的關係。由於通訊是與國家安全直接相關的領域，因此美國政府也終於出手打擊在美國市場成為通訊器材業巨人的華為。

美國政府認定華為受到中國政府和人民解放軍的指示在美國竊取情報，並指稱華為製造的通訊器材裝有可竊取情報的機關。2018年，加拿大法院收到美國的請求，在溫哥華逮捕了任正非的女兒暨華為副董事長的孟晚舟。逮捕的理由是孟晚舟與伊朗之間有不當金融交易，但外界認為真實用意是對華為的事業施壓。之後，美國政府又宣布禁止出售半導體產品給華為，加強了對該公司的制裁。

英國等原本準備採購華為製5G設備的國家也決定將華為排除在外。此後華為手機在先進國家的銷量也急速下跌。儘管遭受一連串打擊，華為的營運短期內仍不見窘迫。因為華為在非洲、南美、俄羅斯等新興國家已打下強大的基礎，即便在歐美先進國家遭到美國制裁也能存活下去。未來華為的事業會如何發展依然迷霧重重，但這家公司毫無疑問地展示了在農村和新興國家市場建立基礎來成長的戰略是很有效的。

很多中國企業現在都延續華為的做法，以偏鄉城市或農村等所得比大都市低的地區為目標市場。OPPO廣東移動通信（OPPO＝歐珀）和維沃移動通信（vivo）都是很具代表性的例子。他們在農村街道和偏鄉城市開設直營店或代理店，架設醒目的看板，用傳統面對面的方式銷售。與小米針對都市青年利用網路口碑爆發式擴散的方法呈明顯對比。OPPO和vivo這兩個品牌在印度的銷量都在急速攀升。

就像哥倫布立蛋的寓言[3]，從結果來看，開拓新興國家市場看似任何公司都辦得到，但實際做起來卻一點也不簡單。因為新興國家的基礎建設、衛生醫療、社會治安都稱不上良好，風險太大。對先進國家企業來說，在先進國市場就有足夠利潤，不會想要刻意冒險去開拓新興國家的市場。實際上，華為在剛果民主共和國的辦公室就曾被捲入戰火，有30幾名員工被困在辦公室內（《任正非傳》，孫力科）。

很多在非洲的中國人曾被捲入恐怖攻擊或綁架勒索事件，生命曾經飽受危險。但中國的經營管理者們擁有在非洲存活下來的智慧和力量。2000年以前，中國人均國內生產毛額（GDP）低於1000美元，當時中國自己也是開發度低的新興國家。華為的業務員在中國農村的嚴酷社會環境中磨練過，有能力承受新興國家惡劣的經商環境。這不是來自先進國家的人可以輕易模仿得來的。

三星的地區專家制度

韓國企業也在2000年前後開始重視新興國家。對在當時已成長為中所得水準的韓國來說，開拓新興國家市場在某些方面比中國更困難。為了克服難關，三星電子運用了地區專家制度。三星將有3年以上經歷的年輕員工派遣到海外，讓他們學習當地的語言、文化、生活。這些員工會先在韓國國內接受3個月密集的訓練，學習派駐地的語言。在完成受訓後，他們會在派遣國駐留6個月到1年的時間，且被嚴格禁止與當地的韓國人社群接觸，條件相當嚴苛。

1990年代以前，三星駐外員工的派遣地大多在日美歐等先進國家，但2000年代前半則集中在俗稱金磚四國的巴西、俄羅斯、印度、中國。2000年代後半則是金磚四國以外的東南亞、中南美、東歐、中東、非洲等地。三星乘著2000年代的金磚四國熱潮，在2008年的金融海嘯後進一步擴大了金磚四國以外的非洲、南美等市場的市占率。因為三星在熱潮發生前就確保了相關人才。三星的海外派駐員有3成是地區專家出身，能精準掌握當地消費者的需求，再將資訊回報給南韓的總公司。

一如第3章介紹的，三星擁有可少量多品項生產的系統，故能即時配合各新興國家的市場努力提供最適合的商品。例如三星在印度推出可上鎖的冰箱。印度的治安仍不太良好，所以連

譯註3：哥倫布發現美洲回國後聲名大噪，在宴會上被嫉妒他的貴族嘲笑發現新大陸沒什麼了不起，任誰都做得到。於是哥倫布拿了顆水煮蛋，問誰能用雞蛋較尖的那端把蛋立在桌上。見沒人能做到後，哥倫布把蛋殼尖端敲凹，成功把蛋立起來。貴族生氣地說這麼簡單的方法誰不會，哥倫布回答：「有些事在沒人做到前誰都想不到怎麼做，但有人做到後又覺得誰都做得到。」這是一則虛構的寓言。

家用的冰箱也有上鎖的需求。此外為了在嘈雜街頭也能清楚聽到來電鈴聲，三星還推出了鈴聲特別大的手機。LG電子則在中東推出可播放《可蘭經》的電視，蔚為話題。這些韓國品牌甚至看到了當地消費者在購買冰箱等家電時，比起白色更愛其他的顏色，於是把傳統白色家電的顏色改為黑色或酒紅色。

日本企業在新興國家市場的開拓比人家晚了好幾步。二戰之後，日本企業在國內市場取得一定程度的成功後，便轉為對美國市場展開出口攻勢。1960年，美國的GDP占全球4成之多。日本企業正是靠著攻略這塊龐大的市場成長起來，並一直認定新興國家是沒有競爭力的企業才會去的市場。當時的日本人大概做夢也沒想到，新興國家整體的GDP占比竟有一天會成長到全球4成（2020年，IMF）。

即便是在1985年簽署《廣場協議》，1美元＝100日圓的匯率固定下來後，日本企業依然只把目光放在歐美市場。為了將因日幣升值而變貴的日本產品賣給歐美消費者，日本企業為產品增加各種機能，試圖提高產品的附加價值。這雖然讓日本產品得到品質優良的美譽，價格卻也變得對新興國家的消費者來說高不可攀。在歐美市場因2008年的金融海嘯一時萎縮後，日本企業也倉皇地開始重視新興國家市場。但日本企業在新興國家推出的產品卻都只是功能大幅縮水的廉價品，沒有像韓國企業那樣配合當地的文化和生活習慣，在真正意義上開發出適合新興國家的產品。

2 子品牌＝OPPO廣東移動通信（歐珀，中國）

中國的智慧型手機廠牌OPPO廣東移動通信（OPPO＝歐珀）在2018年6月，將原本負責印度市場業務的獨立公司深圳市銳爾覓移動通信獨立出去。該公司獨立後使用「realme（真我）」品牌，在印度銷售100美元等級的智慧型手機。中國手機大廠小米（Xiaomi）用低價品牌紅米系列投入印度的市場，其與三星電子的市占率達2～3成，兩者並展開了龍頭爭奪戰。對此，OPPO的母公司集團推出了更便宜的realme來對抗。根據市場調查公司Counterpoint的資料，2020年第3季realme的市占率為15%，OPPO則為10%，兩者相加已超過小米的23%。

中國企業相繼用跟本國品牌不一樣的品牌攻略新興國家市場。中國的人均GDP超過1萬美元，以新興國家來說屬於高所得水準。很多新興國家的人均GDP仍在1萬美元以下，因此無法直接將本國的產品拿到當地去賣。話雖如此，若投入生產價格極低的產品，又怕讓人留下既定印象，可能會傷害到自己的品牌形象。因此中國廠商選擇創立第二品牌，毫無後顧之憂地一舉進攻新興國家市場。相對於此，針對先進國家市場成立高檔品牌的策略也在逐漸流行。

用其他品牌推出廉價手機進入印度市場

在跟中國市場同樣巨大的新興國家印度，智慧手機的龍頭地位長期被三星電子占據。後來小米於2016年用低價品牌紅米系列打入印度市場，過沒多久就成長到足以跟三星爭奪龍頭寶座。同為中國企業的競爭對手OPPO和維沃移動通信（vivo）則轉攻為守，OPPO的市占率遂從10％急跌至5％。

表4－1　印度智慧手機市占率（％，以出貨量為準）

品牌	2020年1～3月	2021年1～3月
小米	31	26
三星	16	20
vivo	17	16
realme	14	11
OPPO	12	11

［出處］Counterpoint

此時OPPO的母公司歐加控股開始採取行動，成立了針對印度市場的子品牌realme，並獨立為另一家公司，由OPPO前海外事業部負責人李炳忠擔任新公司的CEO。成立新公司的目的是為了不必顧慮OPPO品牌的策略，自由地開拓印度市場。realme手機的定價比紅米更低，每支130美元起跳。

OPPO廣東移動通信是2003年從中國的電子機器製造商步步高電子工業獨立出來的。當時OPPO的業務是製造影音相關的設備，後來才變成手機公司。OPPO和realme皆屬於歐加控股集團。除了這兩個品牌外，歐加集團旗下還有另一個專賣高檔手機的萬普拉斯科技（Oneplus）。在印度，三星和小米的市占率都在25%左右，而歐加集團旗下的realme和OPPO加起來也有大約25%，市場競爭愈來愈激烈。現在realme在馬來西亞、泰國、印尼、越南、柬埔寨、緬甸的市占率也在逐漸上升。

以時尚品牌為代表，深受消費者信賴的名牌產品定價都比成本高很多。一旦大幅降價，就等於失去消費者的信賴。所以，擁有品牌的企業都不喜歡推出會減損品牌價值的產品或促銷方式。原本只能在百貨公司或專賣店買到的夢幻名牌，假如有天在超市上架的話，反而會讓消費者感到夢想幻滅。若想滲入新興國家的市場，就必須推出廉價的商品，但若弄得不好就會破壞消費者對品牌的信賴。這就是為什麼先進國家的品牌企業對布局新興國家的態度會如此慎重。

圖4－2　用不同品牌攻略不同國家

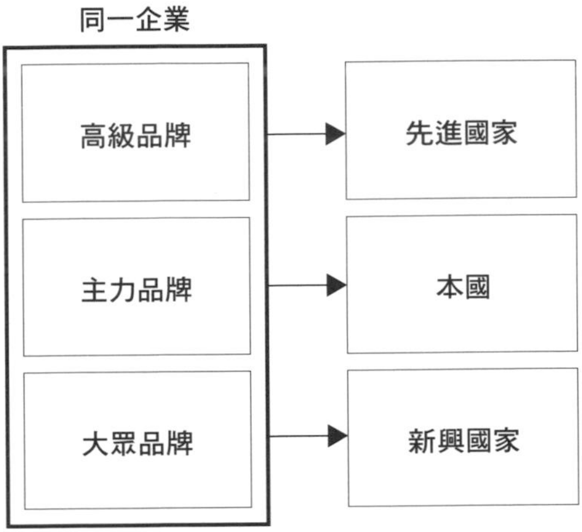

想要避免這種事態發生，其中一種手法就是針對新興國家市場成立全新品牌，以開拓事業。例如日產汽車在2014年便針對印度市場，讓「Datsun」這個品牌復活。Datsun是日產在1970年代以前於北美等地使用的品牌。不過日產在1980年代統一品牌之後，就不再使用

Datsun。直到現在為了攻略印度等新興國家市場，才又讓這個品牌復活。Datsun復活後的第一個產品Datsun GO是由日本公司設計，但技術研發和生產都在印度進行。

中國擁有第二品牌、第三品牌的企業正在急速增加。智慧型手機廠牌vivo在2019年推出了高價品牌「iQOO」。這是因為中國國內隨著經濟成長出現了對高級品有需求的消費族群，而新興國家的消費者想要的則是超低價格的產品。此外，美的集團（Midea Group）除了母品牌Midea外，也在國內外推出了小天鵝、COLMO等超過10個子品牌。2016年美的集團收購東芝的家電事業後，在日本市場也仍繼續使用原本的東芝品牌來銷售產品。

多品牌導致成本增加

多品牌策略也存在一個缺點，那就是會導致旗下不同品牌在同一個市場自相殘殺的混亂局面。如果擁有多品項生產的Know-how倒還好，但如果沒有的話則會導致生產成本的增加。過去日本的汽車廠商就曾用多店鋪、多通路經營的方式面對競爭。舉例來說，馬自達除了馬自達店外，還有Eunos店、ɛ̃fini店、Autozam店、Autorama店等5個通路，每個店賣的車種都不一樣。這種手法在整體市場成長時可以增加銷量，但在市場萎縮時就會變成壓垮經營的主要原因。

重新復活的日產子品牌「Datsun」除了印度外，也曾在印尼、俄羅斯等國生產，但俄羅斯市場卻在2020年停止了該品牌的生產和銷售。據說背後的原因就是因為承受不了同時展開多個品牌的成本重擔。在攻略新興國家市場方面，日本企業其實也可以多利用第二品牌、第三品牌，但或許是飽受泡沫經濟帶來的教訓，現在日本企業已完全不敢有任何作為了。

3　伊斯蘭金融＝馬來亞伊斯蘭銀行（馬來西亞）

馬來西亞的馬來亞伊斯蘭銀行於2020年在阿拉伯聯合大公國（UAE）的杜拜開設了第一間分行，專為中東的大型投資者提供東南亞的伊斯蘭金融商品。馬來亞伊斯蘭銀行是馬來西亞最大的商業銀行馬來亞銀行（Maybank）的伊斯蘭銀行部門。該部門在2008年獨立，一邊使用馬來亞銀行的分行網絡，一邊滲透新加坡、印尼的伊斯蘭社會，成長為東南亞最大的伊斯蘭銀行。

據說全球的伊斯蘭教徒超過18億人，他們集中分布在東南亞至南亞、西亞、非洲的新興國家。伊斯蘭教有愈來愈世俗化的趨勢，但2000年以後，教徒間開始強烈主張應該過嚴守教義的生活。因此不符合伊斯蘭教戒律和習慣的生意變得愈來愈難在伊斯蘭市場開展。而在金融方面，禁止收取利息，因此不帶利息考量的伊斯蘭金融系統是不可欠缺的。食品方面也只能

圖4－3　伊斯蘭金融的機制

Mudarabah（一種類似投資信託的機制）

[註] 伊斯蘭不使用利息的概念。是用投資和分紅來交換資金

販賣依戒律處理過的清真食品。東南亞的企業於是建立了一套適合伊斯蘭社會的商業模式，並往西方開拓巨大的伊斯蘭市場。

用伊斯蘭金融開拓新興國家

馬來西亞專營伊斯蘭金融業務的馬來亞伊斯蘭銀行在杜拜設立了據點。在馬來西亞等東南亞地區，伊斯蘭金融體系的金融商品正逐漸增加。而馬來亞伊斯蘭銀行想把這些金融商品賣給波斯灣沿岸國家的投資者。境內伊斯蘭教徒超過2億人的印尼等國近幾年維持著較高的經濟成長，因此東南亞的資金需求十分旺盛。波斯灣沿岸各國豐富的石油經濟和東南亞成長地區兩相結合後，可以建立雙贏的關係。而馬來亞伊斯蘭銀行在扮演橋梁的過程中得到了商機。

馬來亞銀行的英文是Maybank，原為一間華人銀行，但在亞洲金融風暴時因為與國內的銀行進行重整，變成以馬來西亞政府基金為大股東的商業銀行。這家銀行很早就抓住伊斯蘭金融興盛的流勢，在2008年成立專營伊斯蘭金融業務的馬來亞伊斯蘭銀行。伴隨東南亞的經濟成長，馬來亞伊斯蘭銀行也快速成長。根據

《亞洲銀行家》雜誌的報導，2020年馬來亞伊斯蘭銀行的存款金額達到439億美元，僅次於沙烏地阿拉伯、杜拜（阿拉伯聯合大公國）、科威特的伊斯蘭銀行，排在第4名。總資產也以579億美元排名第四。

伊斯蘭教的教義禁止教徒收取利息或從事投機性強的金融交易。不過，雖然不能收取利息，但並沒有禁止轉賣商品後所得的利益、收取使用費，以及所有的分紅行為。因此伊斯蘭金融運用這類戒律容許的金融交易和商業行為，開發出一套跟有利息的金融商品一樣能夠獲利的機制。

舉例來說，伊斯蘭金融沒有定期存款制度，但有另一種名為Mudarabah的替代機制。在Mudarabah中，銀行會向存款人募集資金，拿去投資經營者（企業），經營者則可運用這筆資金來發展事業。這充其量只是投資，並非有利息的融資。而事業的獲利會以分紅的形式分配給經營者、銀行，以及存款人。如果事業失敗的話，存款人的錢也有可能消失，但伊斯蘭國家建立了以政府為第三方擔保人的制度，保證可以取回本金。

忠誠的伊斯蘭教徒因為討厭利息，所以過去大多把錢存在家裡，或是拿去購買珠寶首飾來保值。後來，像馬來亞伊斯蘭銀行這樣的伊斯蘭銀行出現了。眾多伊斯蘭教徒便紛紛跑去開戶，把錢存到銀行裡。無論房屋貸款還是汽車貸款都可以透過伊斯蘭金融體系借錢，甚至還能購買簡易的伊斯蘭式保險。伊斯蘭金融逐漸從單純的存款發展出債券、保險、衍生性金融商品。其中的機制相當複雜，詳細的說明就交給其他專門的書籍。

用清真食品打入西方的伊斯蘭文化圈

要在伊斯蘭世界做生意，另一個必須認識的制度是清真（Halal）認證。伊斯蘭教的戒律禁止教徒吃豬肉，這點相信很多人都知道，但除了豬肉外，其實貓、狗等很多動物也都是禁止食用的。而且就算是允許食用的肉類，在處理時也有一套嚴格的規範，必須依照規範處理和烹調。伊斯蘭教徒可食用的食品叫做清真食品，而且必須取得該國認證機構的證書。

印尼的食品公司PT Indofood Sukses Makmur Tbk在1995年於奈及利亞設立了泡麵品牌「營多麵（Indomie）」的工廠。2019年時，奈及利亞已經有三家工廠，每天可生產800萬包泡麵。在奈及利亞，營多麵幾乎已是泡麵的代名詞，普及到各個家庭。奈及利亞是擁有2億人口的非洲大國，以北部為中心，有將近一半的人口都是伊斯蘭教徒。儘管食品市場龐大，但如果不能取得占一半人口的伊斯蘭教徒信賴，商品就無法普及。

在這一點上，來自印尼的Indofood極具優勢。因為印尼信奉伊斯蘭教的人口占絕大多數，且Indofood在國內已有多年生產清真食品的經驗。Indofood也進軍沙烏地阿拉伯、埃及等市場，推出符合清真標準的泡麵產品。Indofood如今已成為印尼三林集團的核心企業。

即便是發明泡麵的日本企業，在伊斯蘭世界對營多麵也只能望塵莫及。日本泡麵大廠三洋食品也在2013年於奈及利亞建立了生產據點。三洋食品選擇與新加坡的農業相關公司奧蘭國際成立合資公司，成為合作夥伴。新加坡也有很多伊斯蘭教徒，奧蘭國際對經營符合清真標準的事業擁有豐富的知識和經驗。

繼印度之後，成長備受期待的西亞、非洲的新興國家均有許多伊斯蘭教徒，要開拓當地的市場，需要建立如伊斯蘭金融和清真食品等針對伊斯蘭教量身打造的商業模式。然而，目前日本等東亞國家對伊斯蘭教義、戒律、習俗熟悉的人才十分有限。東亞企業要憑一己之力建立適合伊斯蘭文化圈的商業模式相當困難，或許唯一的可行之道就是跟東南亞、南亞的企業攜手合作，累積相關的知識和Know-how。

第5章

目標是底層還是頂層——不同所得階層的市場

在第4章，我們介紹了先進國家和新興國家等用地理位置來區分的商業模式，而本章我們要進一步來談談，應該如何因應新興國家所得分配差異的問題。

1 低所得市場行銷的難處＝塔塔汽車（印度）

印度的汽車廠牌塔塔汽車（Tata Motors）在２０１９年，連一輛廉價的超小型車款「Tata Nano」都沒有生產。Nano是塔塔汽車旗下可用10萬盧比（按２０２２年的匯率計算，約為新台幣３．８萬元）購買的超低價汽車，２００９年上市。這個車款最初是為了打入印度低所得消費者的市場而設計的，因為與追求財富的消費者的喜好不符，因此銷量低迷。塔塔在２０１８年12月賣出了88輛Nano，但２０１９年全年的銷量僅有2月賣出唯一的一輛。塔塔在２０２０年發表了純電（ＥＶ）的運動型多用途車「Nexon EV」，定價為１４０萬盧比起跳，在印度市場走的是高檔路線。

這次我想從失敗的案例開始談起。「Tata Nano」在2009年上市之初，宣傳口號是全世界最便宜的汽車。Suzuki（Maruti Suzuki）在印度市場推出的低價車款為20萬盧比起跳，Nano的價格甚至只有它的一半。這破格的低價乃是靠著盡可能精簡功能才得以實現。日本的輕型汽車是三汽缸引擎，而Nano使用的是二汽缸引擎。雨刷也只有一支。側後視鏡只有駕駛座側才有，副駕駛座那側並沒有。另外也沒有氣囊、防鎖死煞車系統（ABS）等安全裝置。收音機和冷氣也屬於選購的配備。

賣車給低所得階層

塔塔汽車是印度最大財團塔塔集團的核心企業。開發的契機源於當時塔塔集團的董事長拉坦・塔塔（Ratan Tata）於某個雨天在路上所看到的情景。有好幾輛速克達在汽車與汽車的夾縫間穿梭。其中也有穿著塑膠雨衣，一家四口共乘一輛速克達的。看到這樣的情景，拉坦萌生了一個想法，他想為印度家庭提供一輛買得起又能遮風避雨的安全汽車。

然而，印度消費者對這個想法的反應卻十分冷淡。Nano的銷量巔峰是2012年的7萬6000輛，拉坦・塔塔在2013年接受美國CNBC電視台的採訪時曾說過，「用全世界最便的宜汽車這個口號來推銷Nano，是我們失敗的原因」，他提到了當初的想法太過天真。之後，Nano幾度進行改款，但銷量還是不見起色，到了2018年已陷入月銷量不到100輛的窘境。

主要針對新興國家低所得階層的商業模式，叫做金字塔底層（Bottom Of the Pyramid：BOP）策略。若依所得級距製作人口分布圖，便會畫出一個高所得者人數非常少，而低所得

圖5－1　金字塔底層

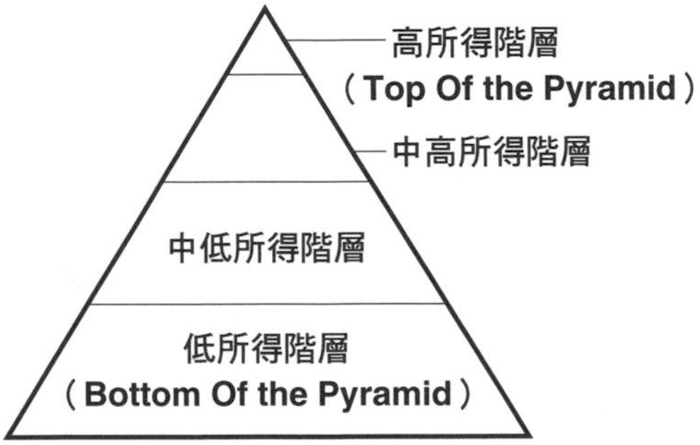

者人數非常多的三角形，也就是金字塔的形狀。而金字塔寬度最寬的底層就是Bottom Of the Pyramid。另一種說法是Base Of the Pyramid。不管哪種說法，這個名詞聽起來都很像是先進國家的商業人士以「居高臨下」的眼神所給的稱呼，不過BOP已經是一個固定的商業用語，所以本書選擇沿用。

根據2007年國際金融公司（IFC）和世界資源研究所（WRI）公布的各所得階層人口組成，全球年收入低於3000美元（購買力平價，基準年為2002年）的低所得階層約有40億人，潛在的消費者市場規模為5兆美元。而年收入在3000美元以上、2萬美元以下的中高所得階層有14億人，消費市場的規模為12兆5000億美元。當時印度購買力平價人均GDP為3000美元，帳面值更只有約1000美元。

對低所得族群的大眾價格帶所抱持的幻想

當時印度幾乎所有人都被分類在低所得階層。很多人以為只要在印度市場推出定價落在大眾價格帶（消費人數最多的階層）的產品，就能以薄利多銷的方式賺取利潤。塔塔汽車針對低所得階層大眾開發了Nano，結果卻以失敗收場。塔塔的失敗肇因於誤判了民眾買得起汽車的大眾價格帶。Nano的定價換算成美金只有2000美元，絕對是低價車款，但對年收入不到1000美元的低所得階層來說，還是太貴了。不管再怎麼努力向買不起的族群推銷商品，也不可能拉抬銷量。

相反地，對於年收入超過3000美元的族群，這個價格雖然負擔得起，但在印度中高所得階層的消費者眼中，Nano並不是一輛具有吸引力的汽車。由於Nano的開發初衷，所以它在消費者心中留下的印象就是做給低所得族群的、功能精簡的便宜貨。尤其對剛從低所得階層爬到中高所得階層的人來說，買車乃是他們多年來的夢想，所以性能和外觀也是很重要的考量因素。光是在路上跑的機能並不能滿足他們。價格不會太貴、看起來有質感、基本功能一應俱全……這才是他們想要的產品。

中高所得階層的消費者最想買的汽車，價格大約在5000美元至1萬美元之間。而Suzuki在印度推出的汽車正好落在這個價格帶內。Suzuki抓住了剛爬到中高所得階層者的心，在印度的市占率維持在5成。在買得起這價格帶汽車的消費者中，人數最多的階層就是所謂的大眾價格帶，這也是最適合該產品的目標定價。

印度家電製造商Godrej在2006年上市的「ChotuKool」（印度語，意為有點冷）冰

表5–1　印度小客車銷量（2020年）

企業（簡稱）	輛數	占比（%）
Maruti Suzuki	1,213,660	50
現代	423,642	17.4
塔塔	170,151	7
起亞	140,505	5.8
馬亨達（Mahindra）	136,500	5.6

［出處］RushLane

箱，也是一款針對BOP推出的產品，引起了不少討論。該產品使用塑膠製作，可使放入冰箱中的食品保持在5度到15度的低溫，容積為43公升。使用12伏特的直流電，可利用電池或太陽能運作。壓縮機也沒有使用冷媒，且整台重量不到8公斤，十分易於搬運。價格也只有新台幣2000元左右。

這款冰箱的賣點是在沒有供電的農村也能用它來保存食物，然而如此具有話題性的產品，卻從未聽說在印度熱銷過。這是因為印度農村的生活接近自給自足，人們並沒有將食物保存數天的習慣。已習慣把食物買回家儲藏的中低所得階層，的確會想買一台冰箱。但因為在印度，用新台幣3000元左右就能買到普通冰箱，所以消費者根本不會選擇ChotuKool。推出ChotuKool雖有助於企業建立重視低所得階層的形象，但能帶來多少利益卻是未知數。

總體人口的大眾價格帶和買得起某類產品的大眾價格帶並不相同。要做BOP的生意必須先分析低收入者的需求和人口數量，再投入製造符合條件的商品品質和生產數量。然而，BOP策略在理論上雖然可行，實踐起來卻非常困難。因為低所得階層的消費者會憧憬中低所得階層的商品，而中低所得階層的消費者又想要買中高所得階層的商品。Nano和ChotuKool之所以無法成功，就是因為沒有分析各消費層的心理。

針對低所得階層的創新行銷手法

要做BOP的生意，光是推出符合低所得者消費水準的商品還不夠，使用能觸及低所得階層的創新行銷手法變得很重要。提到BOP策略的成功例子，業界常常會舉英國聯合利華的印度子公司為例。聯合利華在印度的子公司印度聯合利華想到把香皂和洗髮精分成小包裝，然後用低所得階層也買得起的便宜價格來販售。不過只要冷靜思考一下，把商品分成小包裝來賣，任何公司都做得到。

聯合利華採用的商業模式，關鍵在於銷售方法。在1990年代，印度有3分之2的人生活在人口不到1000人的農村。這些農村中既沒有超市也沒有藥妝店，根本沒有地方能讓聯合利華的產品上架。加上農村沒有電，農民們也看不了電視。更別說當時還沒有發明智慧手機。完全沒有能用來推銷產品的媒體和工具。

於是聯合利華在2000年推動一項農村銷售員培育計畫。聯合利華在印度各個小村落招募女性，教導她們簡單的商品知識。來聽講座的女性可以得到一筆採購產品的小額融資。接著這群女性就用借來的微薄資金購買聯合利華的產品，步行到附近的村落進行販售。這些女性被稱作Shakti Amma（意為有活力的女性）。

組織Shakti Amma在農村建立銷售網是一件很麻煩的工作，但成本卻比在農村各地設立代理專賣店低得多。而且這麼做還能為深受貧困所苦的農村女性提供工作，因此得到政府和非政府組織（NGO）的協助。Shakti Amma的人數在2017年增加到5萬人，而聯合利華也把從Shakti Amma那裡蒐集到的資訊建立一個資料庫加以運用。只要在農村建立起銷售通路，就能利用這條通路販賣其他各種產品。印度聯合利華便是靠著BOP策略成為印度的優良企業，打下穩固的根基。

2 微型貸款＝孟加拉鄉村銀行（孟加拉）

在孟加拉吉大港市（Chattogram）近郊的農村，居民們會把竹子編成椅子拿去賣，不過他們卻得用昂貴的利息向中間人借錢去購買作為原料的竹子。而賣掉椅子賺來的錢幾乎都拿去還利息，因此根本賺不到錢。1974年，時任吉大港大學經濟學系主任的穆罕默德．尤努斯（Muhammad Yunus）用低利率為42戶貧困人家提供小額貸款。這項計畫後來發展成為孟加拉鄉村銀行（Grameen Bank，又譯為格萊珉銀行）。在年利率高達200%的高利貸橫行的年代，孟加拉鄉村銀行用20%左右的利率借錢給貧窮階層。這些貧困家庭在獲得小額融資後，拿這筆錢去從事手工業或行商等小生意，賺到的錢不僅得以養家活口，也還清了貸款。

微型貸款是一種以低所得階層為對象的金融服務。透過小額借款給貧困的家庭，讓他們有本金去經營日用品販賣或從事家庭手工業，乃是幫助他們脫離貧窮的社會福利型商務。發明微型貸款的穆罕默德．尤努斯在2006年得到了諾貝爾和平獎。可以說BOP策略得以成功的關鍵，便在於微型貸款。因為如果低所得階層沒有錢，商品經濟就無法運轉，BOP策略也不可能實現。

BOP和微型貸款密不可分

始於孟加拉的微型貸款與BOP策略一同傳播到了包含印度和柬埔寨在內的世界各國。聯合利華的BOP策略在印度能夠成功，也得歸功於微型貸款。若Shakti Amma沒有足夠的本金，就沒辦法採購聯合利華的產品。所以聯合利華利用了微型貸款。Shakti Amma會組成15人左右的小組，透過微型貸款借錢採購香皂或清潔劑。她們不僅能透過努力推銷賺到償還貸款的錢，同儕之間的壓力也減少了呆帳產生的情況。

孟加拉鄉村銀行集團也組織了女性銷售員進軍優酪乳事業。2006年，鄉村銀行與法國

圖5-2　微型貸款的機制

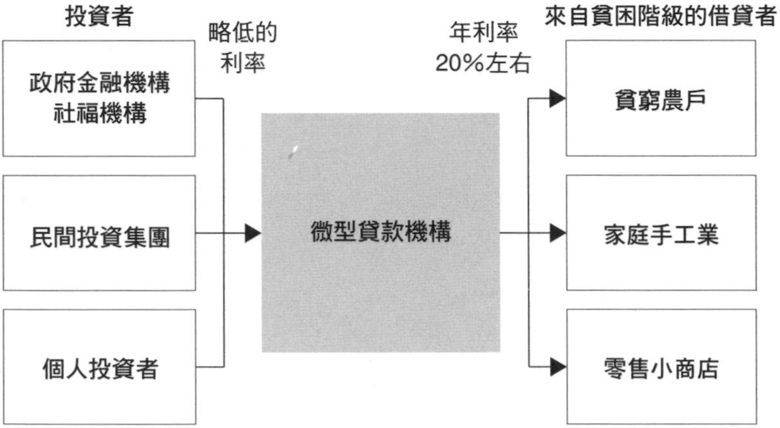

食品廠達能集團（Danone）合資在孟加拉的博格拉建立優酪乳工廠。由於嬰幼兒的營養容易失衡，它們便在優酪乳中添加維他命等營養素，並派女性銷售員（Grameen Lady）挨家挨戶推銷。提供牛奶製作優酪乳的農家也是跟鄉村銀行借錢來養乳牛。

孟加拉鄉村銀行創始的免擔保小額低利貸款制度為農村人民，特別是女性提供了工作機會，對於貧困救濟很有幫助。然而，金融機構要跑遍農村的貧困家庭回收資金十分耗費人力和時間。作為一項事業來看，微型貸款的成本很高，而且很難提高獲利。因此某種程度上來說，微型貸款的本質是一種不在乎獲利的社會事業。要解決社會問題，光靠慈善事業並無法持續提供資金，所以才會加入商業的要素讓事業得以維持。

鄉村銀行最初幾年的資金來源是社福機構提供的低利融資。為了調度資金，鄉村銀行還發行了債券，但背後有孟加拉政府提供擔保。若沒有諸如此類的援助，就無法靠低成本募得投資資金。若無法用低成本調度資金，微型貸款就無法運作。如果以提高獲利為目的，銀行就會提高貸款利率或出現強迫借貸的現象，這樣不僅不能幫助窮人，還會為他們帶來更多痛苦。鄉村銀行和達能集團的優酪乳事業也以「不賺取超過投資本金的利益」達成了協議。

微型貸款是一種解決社會問題的手段，不算是以營利為目的的純商業行為。儘管微型貸款有一半是屬於慈善事業，但隨著資訊科技的進步，微型貸款正慢慢變化成純粹的營利事業。因為現代可以利用網路調度資金，並進行小額的借貸。信用審查、匯款手續也能運用資訊科技達到不花成本的目標。它替微型貸款建立了營利的基礎。

用P2P轉型為純商業機制

例如，P2P（Peer to Peer）借貸就是一種IT時代的微型貸款，透過網路連結了小額資金的債權人和小額債務人。債務人可以用手機申請融資，然後P2P業者會在網路蒐集債務人的資訊，進行信用審查。接著P2P業者會向國內外的債權人募資，並將債務人介紹給他們。站在債權人的角度，P2P借貸可以用比銀行存款更高的利息來投資；而站在債務人的角度，則可以用比銀行更低的利率借到錢。申請後幾天內就能收到錢，P2P的高效率也是一大魅力。P2P業者本身只負責介紹，但不經手借貸業務。

圖 5–3　P2P的機制

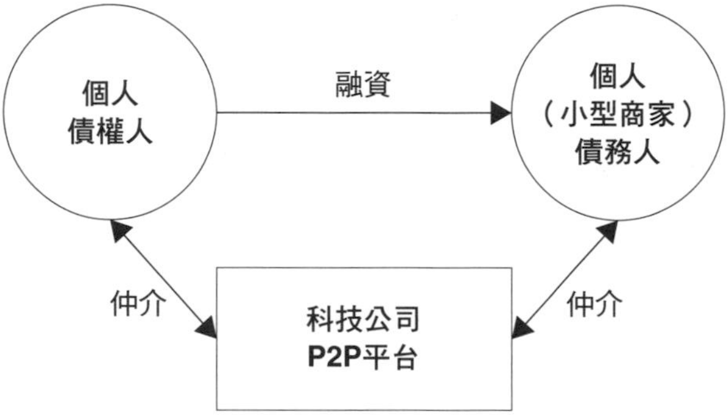

實際的案例則有印尼最大的電子支付業者ＯＶＯ。ＯＶＯ是印尼華人財團力寶集團旗下的電子支付服務。ＯＶＯ被許多做網購生意的零售業者使用，但開設網路商店的大多是個人或小型商家，缺少經營本金。因此ＯＶＯ在２０１９年收購了Ｐ２Ｐ借貸服務Taralite。小型商家可利用網路透過Taralite以低利率進行小額貸款，再用這筆錢來採購進貨。而且不只是商家，購買商品的消費者也可以借錢。

Ｐ２Ｐ融資始於英國，後來擴及美國，目前則是在新興國家有了勢不可擋的普及。因為新興國家的農村大多沒有金融機構。低所得階層沒有銀行帳戶，長久以來無法融資也無法保險。因此ＢＯＰ策略始終難以擴大執行。但只要使用Ｐ２Ｐ，即使沒有銀行帳戶也能透過電子支付系統借錢。這種運用資訊科技讓所有人都能利用金融服務的概念，叫做普惠金融（Financial Inclusion）。為了解決貧困，新興國家的政府正大力輔助科技企業所推動的普惠金融。

在亞洲，普惠金融最早是在中國推廣，並在印尼大幅成長。當然，也有很多惡質的業者跨入這門新生意，導致P2P借貸充斥著高利貸和非法募資。多數新興國家的政府都沒有足夠的能力進行監管。在中國，P2P業者相繼倒閉，政府遂祭出了更嚴格的管制。看來亞洲的商業模式能否健全地發展，還得再觀察一陣子。

3　富裕階層的生意＝香格里拉酒店（馬來西亞、香港）

香港的高級連鎖飯店香格里拉酒店（Shangri-La Hotels and Resorts），在2014年於倫敦碎片大廈的34～52樓開設了英國第一間分店。87層樓高的碎片大廈是一棟金字塔造型的細長建築，可以俯瞰泰晤士河、西敏寺、倫敦塔與倫敦塔橋。在進駐倫敦之前，香格里拉酒店已於2010年在巴黎開業。巴黎香格里拉酒店是由一座建於19世紀末的貴族宅邸改建而成，可以近距離欣賞艾菲爾鐵塔。住宿一晚的價格會隨季節而不同，倫敦大約是新台幣2萬元，巴黎則是2萬5000元。

所得金字塔既然有底層，當然也有頂層。也就是所謂的富裕階層。此階層位於金字塔的最頂端，雖然人口非常少，但在某些國家甚至握有全國一半以上的財富。因此自然也存在以富裕階層為目標的金字塔頂端（ＴＯＰ）生意。根據瑞士信貸集團的調查（２０１９年），全球有４７００萬人擁有超過１００萬美元的資產，占總人口的０．９％，但這些人卻握有全球43．９％的財富。也難怪新興國家的貧富差距如此巨大。在印度，全國58．４％（２０１６年）的財富集中在１％的人手中；而在泰國，這１％的人口則握有全國66．９％（２０１８年）的財富。換言之，金字塔頂端（ＴＯＰ）的生意在新興國家反而更好做。

亞洲也存在超級富豪

香格里拉酒店是馬來西亞出身的華人郭鶴年（Robert Kuok）於１９７１年在新加坡開設的。郭鶴年早期從事製糖業，事業成功後才跨足飯店業。當時東南亞每年都有很多來自歐美的商務客和觀光客，但高級酒店就只有萊佛士酒店和文華東方酒店等從殖民時代便存在的飯店居牛耳的地位。郭鶴年看到了觀光旅遊業的發展潛力，於是在亞洲各地建造香格里拉酒店。他進軍曼谷、香港，並於１９８４年在中國浙江省的旅遊勝地杭州，開設了中國第一間香格里拉酒店。

郭鶴年當時對亞洲的富裕階層看法如何，我們不得而知。或許是因為東南亞的富裕階層多為華人，所以針對華人市場的香格里拉酒店內都設有廣東料理名店「夏宮」或「香宮」。最初香格里拉在新加坡、吉隆坡等富有華人聚集的地區獲得成功，後來隨著中國經濟成長，中國旅客也開始湧入。由於在亞洲大獲好評，香格里拉集團於2010年進軍巴黎，2014年則進軍倫敦，正式進入歐洲市場，躋身每晚要價新台幣2萬元以上的豪華酒店之列。即使在低所得階層占壓倒性多數的亞洲，還是存在著一小撮富豪，以這些富裕階層為立足點，躍升為世界級的豪華酒店並非不可能之事。

針對低所得階層推出超低價Nano車款的塔塔汽車，幾乎在同一時期也把觸角伸向富裕階層的市場。2008年，塔塔汽車以23億美元收購了美國福特汽車旗下的知名品牌捷豹路虎（Jaguar Land Rover）。捷豹是一台要價新台幣250萬元左右的高級車。儘管在收購捷豹路虎之初，外界都在擔心來自新興國家的塔塔汽車是否有能力運用這麼高檔的品牌，但這次的收購案反而比推出低價車款Nano更為成功。因為捷豹不只受到印度富裕階層喜愛，也深受中國富人的歡迎。塔塔汽車在2012年與中國的奇瑞汽車（安徽省）成立合資公司，開始在中國生產捷豹路虎。2017年捷豹路虎在中國的銷售量已超過14萬輛。

東南亞也相當盛行針對全球富裕階層推出的醫療旅遊。它們試圖吸引這些富豪前來看病順便享受觀光。總部設在馬來西亞的IHH Healthcare便在新加坡的鬧區附近經營一間伊麗莎白醫院。這間醫院的入口有著像飯店一樣嚴密的保全系統，有的病房一晚甚至要價新台幣25萬元以上。不管哪個國家的大醫院，都可能遇到得排一個月才能等到專科醫師看診的情況，但在這間醫院只要等上幾天就能排到看診。院內還能為伊斯蘭教徒提供特殊的食物，因此也有很多來自中東的病患。

貴族市場

日本人雖然不擅長做低所得階層的生意，但對富裕階層的生意也談不上厲害。二次大戰結束後，日本的目標是打造一個沒有貧富差距的社會。這個目標在某方面稱得上成功，根據1970年代至1980年代的各種調查，有8成受訪者表示自己屬於中流或中產階級，實現了「一億總中流」的平等社會。換言之，中產階級就是所謂的大眾價格帶。因此日本企業的產品和服務都是針對這8成的中產階級所設計的。過去美國也是靠比例很高的中產階級支撐，所以日本企業外銷的產品也是針對美國的中產階級。

這或許就是日本企業對BOP市場和TOP市場缺乏敏銳度的原因吧。即便是在泡沫經濟時期，日本企業還是無法製造出真正符合富裕階層喜好的產品，只是一味地替產品加上各式各樣的新功能。後來泡沫經濟破裂，日本企業便打著重視新興國家市場的口號，集中精力於生產功能精簡的廉價產品。或許日本企業從來沒有真正去理解高收入者和低收入者的消費心理。日本企業在做富裕階層的生意時，常常有種在討好有錢人的羞愧感，而在做低所得階層的生意時，又有種瞧不起低所得者的罪惡感。就在日本企業躊躇搖擺的時候，亞洲企業已經成功取得高所得者和低所得者的市場了。

其他國家的企業對所得階層就沒有什麼顧忌。因為自己的國家就存在著貧富差距。它們把貧富差距當成市場的先天條件，針對各階層制定縝密的戰略。曾經在三星電子擔任常務董事的吉川良三就曾說過，韓國LG電子就是從貴族、文化、體育這三個途徑，針對不同階層來打響自己的品牌知名度。在貴族市場，LG是以富裕階層為主要對象，免費為頂級飯店的大廳和豪華套房提供最高級的電視機，藉此讓富裕階層對自家品牌留下印象，吸引他們上門消費。

文化市場則是以中產階級為目標，專為藝文活動者聚集的咖啡廳等店家提供比頂級飯店低一個檔次的電視機。而體育市場則以新興國家的貧窮階層為對象。因為出生於新興國家貧窮家庭的小孩，大多夢想成為體育選手，藉此來脫離貧困。針對這個市場LG不提供電視機，而是捐贈印有自家商標的足球。也就是先讓潛在客戶認識自家品牌。

第6章

時光機經營法

——橋接先進國家和新興國家

落後國家因襲先進國家的模式，便會推動技術和商業模式的普及。在英國誕生的技術和商業模式被引進法國、德國等歐陸國家，在20世紀傳至美國，然後在日本發展。亞洲也有許多企業很早就從歐美日引入先進的商業模式，並取得成功。

1 跟隨者策略＝卜蜂集團（泰國）

在泰國經營零售業的CP All公司計畫於2022年在寮國開設7-Eleven便利商店。CP All是泰國財團卜蜂集團（CP Group）的核心公司之一。自1989年在泰國開設第一間7-Eleven以來，如今在泰國國內已有1萬2000家分店。繼柬埔寨之後，卜蜂集團又拿到7-Eleven的寮國區域經營授權，並預計在寮國快速展店。

「時光機經營法」是由軟銀集團董事長孫正義命名的商業模式。原指把美國已經成熟的商業模式帶回日本的經營手法。在擁有最先進技術和商業環境的美國誕生的商業手法，只需要一段時間便能等到在日本快速普及的成熟時機。只要事前做好準備，之後耐心等待，就能大幅提高成功的機會。時光機經營法便是利用先進國家和落後國家發展的時間差，以及到普及為止的時間間隔，將先進國家發展成熟的商業模式引進落後國家，然後一口氣取得市場。大概是因

圖 6－1 時光機經營法

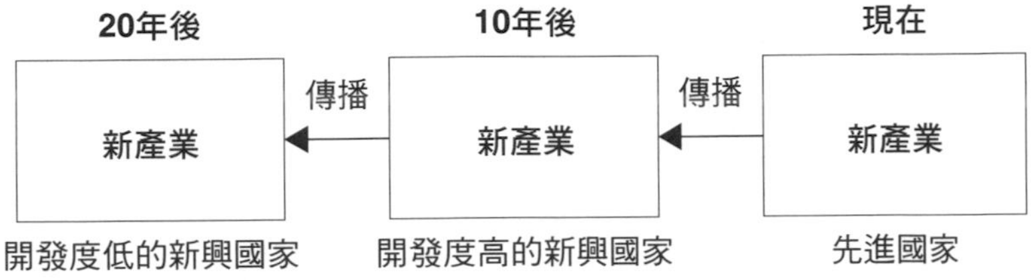

先進國家就是未來的模樣

為這種手法就像是搭乘時光機去觀察未來，然後把未來的技術和商業模式帶到現在使用，才會如此命名。實際上，孫正義在1990年代便經常去參觀美國的貿易展覽，最後將雅虎等服務成功帶回日本。

從先進國家引進，在本國取得成功，再帶去新興國家

卜蜂集團是泰國最大的華人企業集團。其創始人一開始是從販賣菜籽起家，後來在兒子們成立飼料公司後，進一步發展事業。從哥哥那裡接下經營權之後，現任董事長謝國民將美國發展成熟的肉雞事業引進了泰國。卜蜂集團在泰國發展美式養雞業，並在肉品加工領域獲得成功。日本7-Eleven販賣的「雞肉沙拉」也是卜蜂集團出口至日本的。日本很多家庭餐廳和速食店也都有使用卜蜂製造的冷凍食品。卜蜂為了在本國銷售相關食品，還自己負責零售業務，創立了CP All公司。1980年代，卜蜂從荷蘭引進歐洲流行的會員批發制度（wholesale club），並於1989年將7-Eleven帶入泰國並大獲成功。

卜蜂集團平時就密切關注歐美日的食品、通路與服務業，並在第一時間將有利可圖的生意引進泰國。這便是典型的時光機經營法，但卜蜂並未止步於此。它們更將引進泰國後成功的生意帶入經濟發展比泰國落後的地方，再次創造成功。1970年代末期，卜蜂集團進入中國市場（當時中國的經濟水準遠遠落後泰國），並正式註冊商標（在中國稱正大集團），大規模展開飼料、養雞、肉品加工業務。後來，卜蜂集團又進軍超市、購物中心等領域，在中國也是數一數二的流通業者。

至於東南亞市場方面，卜蜂也在被歸類為落後國家的越南經營巨大的養雞工廠、食用肉處理與食品加工廠。同時還在經濟成長落後於其他東南亞國家的柬埔寨和寮國開設7-Eleven。其背後用意是想將在泰國經營超商的Know-how移植到消費文化與泰國相近的兩個國家。有研究認為，當一個國家的人均GDP到達3000美元時，人民對便利商店的需求就會提高。寮國的人均GDP為2600美元（2020年），柬埔寨則是1600美元（2020年），看來都會逐年朝3000美元成長。在卜蜂集團眼中，也許現在正是布局超商業務的最佳時機。

介於先進國家和新興國家之間的優勢

從先進國家引進經營Know-how，在本國或本地成功普及後，再把成功的Know-how帶到即將有所發展的新興國家。這種活用時光機經營法，利用兩次的「引進和移植」獲得成功的

圖6–2 人均GDP與商品・店面普及的標準

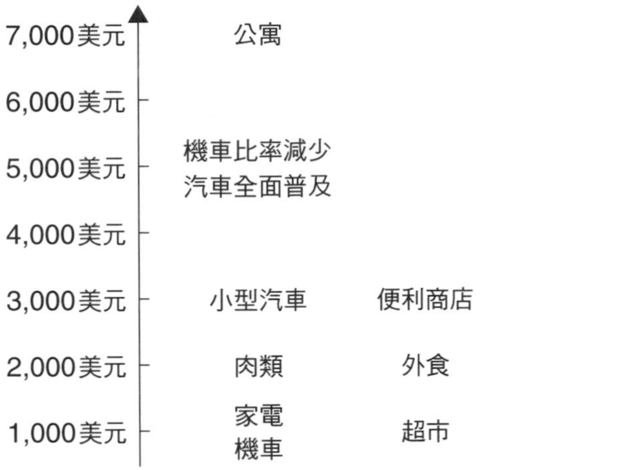

[註] 各業界的標準，沒有嚴格依據

企業，除了卜蜂集團之外，還有橫跨日韓的樂天集團和台灣的統一集團。

樂天集團先在日本以口香糖和巧克力的點心製造商獲得成功後，才在1960年代進入韓國市場。樂天用在日本賺到的錢投資韓國，除了食品製造之外，還跨足飯店、百貨公司、主題樂園、超商、建築、化學等領域。在韓國的事業剛起步時，樂天挖角日本的人才，最後才讓所有的業務步上正軌。在百貨業方面，樂天挖角曾在三越百貨等多間百貨公司擔任管理職務和經營幹部的秋山英一；在超商業方面，樂天找來日本7-Eleven草創期的成員本多利範。當時有分析指出韓國的經濟將在10～20年後追上日本的水準。樂天將在日本成功的商業模式帶到韓國，正好趕上這些行業的萌芽時期。後來，樂天在

2000年代前往越南投資。胡志明市的樂天酒店、河內的樂天購物中心都搭上了越南經濟起飛的浪潮，再次成功複製了時光機經營法。

台灣的統一集團也成功將星巴克（Starbucks）引進台灣，並進軍上海（現已賣掉持股）。統一的7-Eleven也是在台灣扎根後，才前往上海展店（只限中國的中部）。筆者過去曾有幾次採訪統一集團董事長的機會，並被問及「現在日本流行什麼樣的生意」。統一集團的經營幹部當時也都勤於閱讀《日經流通新聞》（現為《日經MJ》）有關新產品和新服務的報導。

泰國、韓國、台灣都有很多二度利用時光機經營法獲得成功的企業，箇中自然是有原因的。這些國家和地區的共通點是，它們當時都是介於先進國家和新興國家之間的中間點，被視為是「開發度高的新興國家」（現在韓國和台灣的經濟水準已屬於先進國家）。就算先進國家想把自己的商業模式移植到開發度低的新興國家，也會因為消費水準跟當地相差太大而遭遇很多困難。若是強行移植，由於生活模式和思想差異太大，很容易誤判消費者真正想要的產品。如同在第4章說明過的，這正是日本企業無法在新興國家取得成功的原因。

在這點上，泰國、韓國、台灣等開發度高的新興國家與先進國家之間的差距不算太大，較容易移植先進國家的商業模式。同時，開發度高的新興國家與開發度低的新興國家之間經濟水準的差異也比較小。在開發度高的新興國家看來，開發度低的新興國家的經濟水準就是不久前自己的處境，所以很容易理解開發度低的新興國家的消費者想要的是什麼。因此可以從先進國家引進商業模式，再配合開發度低的新興國家的成長速度，選擇最好的時機點進入該市場。

這正是為什麼過去有一段時期，業界常說想要開拓中國市場就一定要跟台灣企業合作。在台灣人眼裡，中國的消費者就像不久前的自己，所以能夠具體地想像該推出什麼產品或服務。

2 所得階層結構變化的風險＝現代汽車集團（韓國）

現代汽車的社長河彥泰在2021年3月的股東大會上表示，有意在中國銷售附加價值高的車款。因為現代汽車集團最擅長的小型車在中國賣得不好。2021年，現代的高級車品牌「Genesis」在中國上市，而起亞也推出了新款的多功能休旅車（RV）「Carnival」。現代汽車加上子公司起亞汽車，2016年在中國的合併銷量為179萬輛，但2017年卻銳減至114萬輛。由於與中國汽車品牌競爭加劇的關係，2020年的銷量更跌到66萬輛。現代汽車也出售了北京第一工廠。

採取時光機經營法，利用跟先進國家之間的發展時間差，將先進國家的商業模式引進新興國家時有一個必須注意的問題，那就是新興國家的消費水準會隨著時間而有所改變。一旦新興國家的經濟持續成長，部分低所得階層便會往中間層移動。而企業必須配合階級流動來調整商品組合和服務。過去深受新興國家消費者歡迎的商品，在所得結構改變後可能會失去人氣。

誤判中產階級的成長

有一派說法認為，現代汽車在中國的銷量不振，主要原因是受到政治報復。在韓國同意美國於韓國本土部署「薩德反導彈系統（THAAD）」後，中國表達了強烈的抗議。然而，這件事只不過是導火線。真正的原因其實是中國的消費者在變得富裕後改變了喜好。中國的人均GDP在2008年超過了3000美元，交通現代化正如火如荼地發展。根據經驗法則，在人均GDP超過3000美元後，當地小型車和低價汽車就會開始有人購買。而現代汽車就是在中國交通現代化的初期實現了大幅的成長。

在那之後，中國的經濟繼續成長，2011年人均GDP已經突破5000美元。跨越5000美元大關後，汽車將開始正式普及。中國新車的平均價格在2006年為人民幣7萬元（按2022年的匯率計算，約為新台幣31萬元），但到了2011年已超過人民幣11萬元。成長後的中產階級更偏好運動型多用途車（SUV）和高價車。然而，現代汽車集團卻無法即時做出應對。由於小型．中型轎車和其他低價車型還是賣得不錯，因此它們遲遲不去改變原本的產品線。早期的成功反而延遲了應變的速度。

擅長製造小型車的日本Suzuki也嚐到同樣的苦果。在銷售巔峰期的2011年，Suzuki

在中國市場的銷售量接近30萬輛，不過2012年開始下滑，到了2017年已經跌至10萬5000輛。Suzuki在2018年決定關閉中國的產線。而國際級汽車大廠的德國福斯和日本Toyota則擁有範圍極廣的各式車種，可以配合成長為中產階級的消費者的喜好變化。以小型車為主的Suzuki無法推出中．大型車和高級品牌，因此難以適應市場的改變。在這點上，現代汽車集團則擁有捲土重來的力量。中．大型車自不用說，現代還擁有「Genesis」這個高級品牌。從2021年開始，低價的中國特化車型減少，至於高價車種的比率則增加。此外，現代更在測試氫燃料電池車（FCV）「Nexo」，並推出了純電車款「Ioniq 5」。

縮減規模．撤退的時間表

隨著人均GDP提高，社會基礎建設逐漸完備，人民的生活模式就會改變，企業的產品線和服務也會跟著變動。那麼要達到怎樣的經濟水準，哪些商品或服務會更受歡迎呢？每個業界都有自己的參考指標，用來評估何時可以推出哪種商品、服務，以及最佳的店鋪型態。例如，一般認為當人均GDP接近1000美元時，家電和機車的銷量會出現爆發性的成長。超級市場這種零售型態也會變得受歡迎。如前所述，人均GDP到達3000美元時，小型汽車的銷量會開始起飛，而超過5000美元後，全車種都會進入熱銷期。

這類標準並沒有扎實的理論根據，純粹源自於經驗法則。日本的人均GDP在1960

圖6-3　所得金字塔的變化

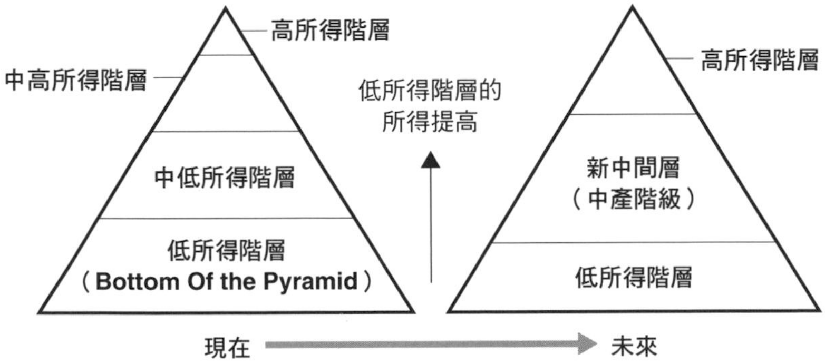

年代成長到接近1000美元，當時黑白電視機、冰箱、洗衣機等家電產品開始大為流行。超級市場出現在街頭，到超市買東西變得再自然不過。接著便利商店7-Eleven於1974年引進日本，當時的人均GDP差不多是3000～4000美元。

值得注意的是，隨著國民所得水準上升，有些商品和事業型態的熱潮便會慢慢退去。成功將便利商店引進日本的7&I控股公司前會長鈴木敏文就曾說過，「從1970年前後開始，商品就算降價也賣不出去」。引進7-Eleven時，鈴木敏文任職於當時的母公司伊藤洋華堂，他在那裡嗅到了消費者喜好的變化。都市消費者的生活型態從大量購買低價品，逐漸變成就算售價貴一點也會適度地買入所需的量。以低價為賣點的超級市場開始退流行，逐漸迎來便利商店的時代。而競爭對手大榮集團便是誤判消費習慣的改變，大量開設超市，結果在1990年代陷入了經營困境。

如果要採用時光機經營法，除了進入市場的時機之外，或許也必須參考停止擴張事業和縮減規模、撤退的時機。以超市來說，當人均GDP超過3000美元後就會開始退燒。人均GDP到達5000美元時，市場也會從機車轉向汽車。話雖如此，要開始或擴張事業很容易，但要做出撤退的決定卻很難。2000年代，卜蜂和樂天的超市事業都在中國大獲成功，但進入2010年代後很多店面都被迫收掉。消費者的生活變得富裕後就不會再去超市大買特買，而是逐漸改用網路購物少量購買。明明只要在事業陷入低迷不振前縮減規模就好，但這些公司全都錯過了退場時機。

值得留意的是，雖然小型汽車和超市目前在中國已經退流行，但如果未來消費者的生活變得更富裕，還是有可能捲土重來。美國和日本有很多家庭都是一人一輛車，而家庭添購的第二輛車、第三輛車，很適合購買價格親民的小型車。在先進國家，一輛售價近百萬元的重型機車也是銷售長紅。而在都市地區，小型的高級超市也十分受到歡迎。所以未來小型汽車、機車、超市，或許也會在中國市場迎來復活。在展望新興國家的遙遠未來時，時光機經營法也同樣能派上用場。

3 從亞洲反登陸＝佐丹奴（香港）

香港的休閒服飾連鎖店佐丹奴在２００８年夏天，配合北京奧運推出了由知名設計師設計的原創Ｔ恤。其設計概念是「WORLD WITHOUT STRANGERS（沒有陌生人的世界）」。美國的Filip Pagowski等10多名設計師皆參與了這項企劃，各自創作了想傳達給全人類的圖案。該系列Ｔ恤的售價一件只要新台幣約６００元，且在網路上就能訂購。佐丹奴擁有自己的生產據點，靠著ＳＰＡ模式，以低價格推出年輕人會喜歡的衣服而獲得成功。

１９８０年代，服飾業出現了「快時尚」和「ＳＰＡ」這兩種商業模式。快時尚就是用低廉的價格販售最新流行的服裝款式，像速食一樣用極短的週期大量生產、銷售的手法。ＳＰＡ則是美國服飾大廠ＧＡＰ所發明的詞彙，是「Speciality store retailer of Private label Apparel」的縮寫。這個詞常被翻譯為自有品牌服飾商專賣店，是一種針對時尚產品從企劃、生產到銷售的所有環節都由同一間公司包辦的商業模式。可看作一種垂直整合模式。

Uniqlo的模式

在服飾業，商品的企劃、製造、批發、零售等各個事業大多是獨立營運的。其中雖然也有專業化的因素，但更大的原因應該是為了降低庫存風險而自然形成的分工。零售店的衣服如果賣不出去，是可以把庫存退回的。而SPA模式是以自己的工廠製作自家品牌的服飾，並在自家的專賣店販售。這樣做的好處是可以透過零售店掌握當季的流行趨勢，然後迅速進行設計並快速投入生產。生產出來的服飾會迅速送到零售店，如此一來就不會錯過當季的流行商機，又能降低流通成本，但缺點是所有庫存都必須自己消化。

而製造和銷售都由自己公司負責的SPA模式，非常適合快時尚產業。據說亞洲最早實現SPA模式的公司就是佐丹奴。佐丹奴是從中國廣東省偷渡到香港的黎智英（Jimmy Lai）於1981年在香港創立的公司。黎智英在1970年代開始經營成衣廠，後來開始用佐丹奴這個品牌銷售自家產品。佐丹奴最初是販售高級紳士休閒服起家，在1980年代後期則將產品線轉為針對中產階級的低價服飾。T恤一件只要新台幣150元左右，而設計花俏的休閒服飾只要300元就能買到。或許是這樣的產品正好符合變得富裕的年輕香港人的喜好，佐丹奴的連鎖店轉眼間就遍布香港。

在黎智英剛成立佐丹奴時，GAP還沒有發表SPA的概念，因此佐丹奴的做法可說是全球獨創。佐丹奴從相鄰的中國廣東省招募廉價的工廠勞工，因此得以用比別人更低的成本生產時尚服飾。與其說是黎智英想出了SPA模式，不如說是香港的商業環境自然催生出新的商業模式。佐丹奴在全球擁有2600間店面，引領著亞洲年輕人的休閒時尚風潮。

迅銷集團（Fast Retailing）的會長柳井正在成立Uniqlo的時候，據說就參考了佐丹奴的商業模式。「在香港進行訪察時，一件『佐丹奴』的Polo衫吸引了我的目光。那件衣服的價格便宜，品質卻很好。於是我去拜訪了黎智英先生，學到了商業無國界，而製造和銷售也沒有界限」（SankeiBiz，2019年9月19日）。以親民的價格販賣由知名設計師設計的衣服，現在的Uniqlo用的正是佐丹奴的手法。

雁行模式被打亂

1980年代以前，亞洲企業從事的事業幾乎都是在追隨美國、歐洲和日本的腳步。在1970年代以前，歐美國家自不用說，其他亞洲國家與日本之間的經濟落差相當大。想要變得富裕，最快的捷徑就是完全複製歐美和日本的商業模式。時光機經營法在亞洲商界是成功的源頭。美國開創了許多商業模式，而日本是亞洲第一個成功引進的國家。後來韓國、台灣、香港、新加坡都沿用了日本成功的商業模式，而中國和東南亞則緊隨其後。這種技術和商業模式階段性傳播的型態叫做「雁行模式」。因為商業模式一個接一個傳播下去的樣子，就像雁子在空中列隊飛行。

圖6-4 與生活相關的商業模式傳播

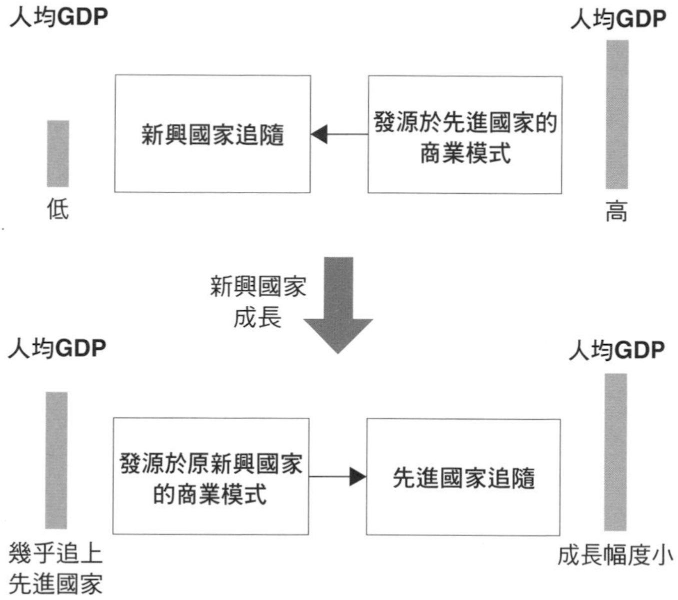

緊隨在美國之後的第二隻雁子就是日本，所以日本要尋找新的商業模式，只要仔細觀察美國的動向即可。然而進入1980年代之後，雁行模式的隊形開始亂了。打亂隊形的是經濟快速發展成長的香港。1988年香港的人均GDP突破了1萬美元，只比日本晚了7年。當兩者的經濟差距縮短至此，消費市場上就有可能出現超越日本的商業模式。雖說佐丹奴的SPA模式之所以能出現是受惠於相鄰的中國，但另一方面也可說是因為香港的消費水準和喜好已經跟紐約和東京沒有什麼兩樣了。

當時香港年輕的中產階級愈來愈多，佐丹奴便是靠著推出符合該階層的商品概念和店鋪，獲得了成功。順帶一提，黎智英後來賣掉佐丹奴的股權，退出了服飾零售業，轉而進入媒體產業。他在1995年創立《蘋果日報（Apple Daily）》，後來與中國政府對立，在2020年時因違反《香港國安法》而被收押判刑。筆者在1995年前後曾二度採訪黎智英先生，對於進軍媒體業一事，當時他曾多次強調「香港只有小部分的高級報紙和印刷量大的大眾報刊。而我想做的是符合中間層口味的媒體」。

從1990年左右開始，日本企業被其他亞洲企業超前的情況愈來愈多。1989年在台北開設的誠品書店便是一例。誠品書店的書架上有很多美術相關書籍，還有販賣雜貨和文具。店內有著寬闊的空間和時髦的家具，還能在同一層樓享用輕食與茶飲。這與以往堆滿書和充滿霉味的書店形象大相逕庭。有些分店更是24小時營業，吸引了許多台灣年輕的中產階級。

蔦屋書店在2011年也運用幾乎相同的概念開設了大型書店「代官山T-Site」，但卻晚了台灣20多年。誠品於2019年在東京日本橋開設了誠品生活，正式登陸日本。相信變得富裕後的亞洲，未來將會出現更多奠基於新消費型態的商業模式。日本企業透過時光機經營法學習亞洲企業獨創的商業模式，這樣的情況也必定會愈來愈多。

第7章

大躍進（leapfrog）——新興國家企業反超先進國家企業

第6章我們談到在消費水準提升後，新興國家可能會發展出比先進國家更新的商業模式，而本章筆者想帶各位看看新興國家運用最新技術一口氣超越先進國家的大躍進（跳蛙）現象。

1 外包＝印孚瑟斯（印度）

2009年，印度IT（資訊科技）大廠印孚瑟斯（Infosys）位於墨西哥的研發中心正式啟用。該公司運用網路24小時全天無休地為全球客戶提供IT相關服務的「全球交付模型（Global Delivery Model，GDM）」也變得更加完善。GDM是一種在全球各地設置可於多個地區處理和交換各種資料的據點，即時向客戶提供服務的手法。印孚瑟斯會從美國的客戶企業那裡接單，然後在成本低廉的印度據點進行開發。因為美國和印度的時差很大，所以若在沒有時差的墨西哥等鄰近地區設立據點，就能隨時依需求協助處理訂單。

1980年代，硬體領域開始出現將麻煩瑣碎的業務委託給外國公司處理的外包業務，而在不久之後，軟體業界也開始流行起外包。由於軟體只需要傳輸資料即可交貨，因此在網際網路普及後，跨國外包風潮普及得比硬體界更快。在IT軟體和系統開發業界，將工程外包給遙遠外國地區的行為稱為離岸外包（offshoring）。而印度存在大量的軟體技術人才，可用低廉的成本大量接單。印度企業就這樣靠著離岸外包快速地成長。

扁平化的地球

印孚瑟斯是印度最具代表性的離岸外包公司。印孚瑟斯的創始人Narayana Murthy在1981年與另外6名工程師，一起在印度的浦納開了這間軟體開發公司，但他們在印度國內完全找不到客戶。當時，印度國內使用電腦的公司還很少，軟體和系統開發工作也被更早起跑的大企業壟斷。

於是印孚瑟斯決定轉攻美國市場。當時IT業界的主流是一種稱為「Onsite」（現場作業）的商業模式。接受業務委託的公司會進駐客戶公司的據點，替他們開發軟體或系統。最初，印孚瑟斯也選擇派遣IT工程師到美國的客戶公司，但派工程師去美國的費用實在太高了。於是印孚瑟斯後來轉換成另一種叫做「Onsite-Offshore」的商業模式。被派去客戶公司的IT工程師只需負責確認要開發的系統需要哪些軟體，實際的開發工作則在成本較低的印度進行，這是一種結合Onsite和Offshore的手法。

全球交付模型（GDM）可說是從Onsite-Offshore模式進化而成的手法。除了客戶公司（Onsite）和遙遠另一頭的開發據點（Offshore）外，在接近客戶的地點（Nearshore）也設置開發據點。一如開頭提到的例子，印孚瑟斯雖然主要在美國（Onsite）接單，並在印度（Offshore）開發接到的案子，但也可以依照客戶的需求在墨西哥（Nearshore）開發。結合印度和墨西哥兩邊的據點，印孚瑟斯就能24小時處理客戶的要求。也更容易從外部建立24小時管理客戶公司系統的遠程服務。

GDM是一種組合地球上最適合的地區來進行開發工作的方法，與汽車、家電・電子製造業盛行的全球零組件最適化調度類似。是一種可在短時間內以低成本完成產品的系統。這個模型得以實現的最大功臣，不用說自然是網際網路。雖然地球是圓的，地理上存在距離的限制，還有國家、民族、語言等各種產業的隔閡，但網路的出現消弭了這堵高牆。網路讓全世界的人不論住在哪裡都能相互聯繫。新興國家的工作者可以透過網路與先進國家的業務現場連線，也可以與先進國家的人或企業競爭。

這種全球規模的商業環境巨變有個專有名詞叫做「地球扁平化」。美國《紐約時報》的專欄作家湯馬斯・佛里曼（Thomas L. Friedman）在採訪印孚瑟斯第二代執行長（CEO）南丹・奈里坎尼（Nandan Nilekani）時，從他說的「（商場的）競技場正變得愈來愈扁平」這句話得到靈感，在2005年寫了《世界是平的》這本書。IT企業如今已無先進國家和新興國家之分，都在同一個戰場上。

圖7–1　印度IT企業的定位變化

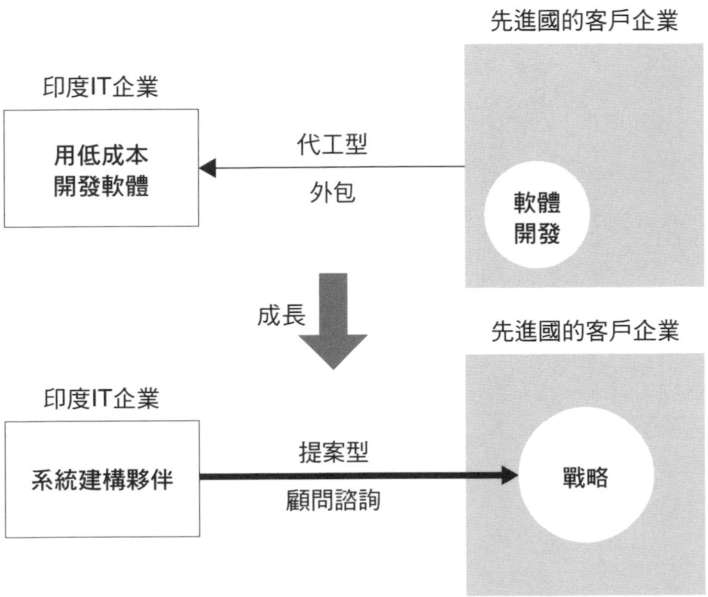

從代工到諮詢

資訊系統從過去由俗稱大型主機（Mainframe）的大型電腦集中管理的時代，變成由多台電腦（伺服器）分散管理的時代，並出現了可在網路上共享資訊服務的雲端系統。在製造業的現場，從設計、零組件製造乃至組裝都可用電腦管理的數位工程日益普及。讓家電和汽車等產品能連上網路的IoT（物聯網）成為當紅炸子雞，用人工智慧（AI）分析大數據的系統也變得愈來愈普遍。

當初被視為軟體和系統開發代工公司而遭到輕視的印度IT企業，在接單的過程中持續吸收新技術，並搖身一變成為與所有IT有關的IT百貨公司。甚至還把觸角伸向用網路從地球另一端代辦所有業務的「商業流程委外（Business Process Outsourcing，ＢＯＰ）」事業。與其說它們是軟體或系統開發公司，不如說它們更像是運用資訊科技替客戶企業改善經營的顧問公司或提供系統解決方案的公司。現在非ＩＴ專業的企業就算想自己架設電腦系統或網路，通常也因為公司內部缺乏技術而難以完成，不得不借助印度ＩＴ企業的力量。

２０２０年12月，旗下有賓士等品牌的德國汽車大廠戴姆勒（Daimler）集團為了改革ＩＴ環境，與印孚瑟斯締結戰略夥伴關係。戴姆勒集團表示將對公司內部的ＩＴ基礎建設進行改革，並建構智能混合雲端設施，打造可隨時隨地處理各種資料和資訊的環境。而全球各地的戴姆勒ＩＴ工程師都將移動到印孚瑟斯研習技術。

在ＩＴ產業與先進國企業平起平坐

戴姆勒選擇了印度的印孚瑟斯作為ＩＴ領域的合作夥伴，而同為德國車廠的ＢＭＷ集團則在２０２０年12月宣布與美國的Amazon Web Services（ＡＷＳ）合作。其戰略同樣是運用雲端系統處理資料，來改善研發和銷售業務。戴姆勒的ＩＴ工程師是到印孚瑟斯去研習ＩＴ技術，而ＢＭＷ也將運用ＡＷＳ的技術來訓練旗下的ＩＴ工程師。在幫助汽車大廠引進雲端技術這點上，新興國家的ＩＴ企業與美國具代表性的ＩＴ企業集團扮演了相同的角色。代表在技術水準上，這兩家公司並沒有太大的差距。

ＩＴ軟體的生意與傳統製造業之間有個決定性的差異。那就是軟體不需要移動實體物，只要轉移資訊即可。同時也不需要投入巨額的設備投資。製造硬體需要有完備的金屬、化學、機械等基礎產業支持，但ＩＴ只要有電腦和網路，就能從地球上的任何角落介入。印孚瑟斯當初也只用了２５０美元來開設公司。即便是在金屬、化學、機械等產業尚未成熟的階段，也能從零開始從事ＩＴ生意。

在扁平化的世界，ＩＴ領域不分先進國家和新興國家，只待一聲槍響，大家都是站在同樣的起跑點起跑。不同於過去的產業，新興國家不需要等著受先進國家商業模式的影響。今天在美國流行的新科技和商業模式，不用多久就會在印度和中國流行。ＩＴ產業的變化速度驚人，先進技術過沒多久就會變得落伍。即便是先進國家的企業也無法靠既有的ＩＴ技術穩坐江山。

在ＩＴ相關領域，先進國企業、開發度高的新興國企業（＝中所得國家企業）、開發低的新興國企業循序發展的雁行理論變得難以適用。這使得以普及時間差為前提的時光機經營法愈來愈難套用在ＩＴ產業。在扁平化的世界，ＩＴ企業能在短時間內發展實力，與先進國企業對等地競爭。不，甚至還出現了運用新技術便馬上超越先進國企業的新興國企業。

2 行動支付＝支付寶（螞蟻集團，中國）

中國的電子支付服務支付寶在２０１４年12月推出了名為「花唄」（「花錢唄」的意思）的分期付款功能。使用支付寶買東西時，可以把帳款分成數筆，在一年內分期償還給支付寶公司。而且只要在第一期的償還日前還清所有帳款就不需要支付利息。隔月的２０１５年１月，支付寶推出用網路上的個人資訊調查個人信用的「芝麻信用」服務。而芝麻信用的信用點數決定了花唄能使用的金額。這個機制受到年輕人的支持，推動了網路消費和行動支付的普及。幾乎同一時期，支付寶又推出了名為「借唄」（「借錢唄」的意思）的免擔保消費信貸。

支付寶是中國電商龍頭阿里巴巴集團推出的電子支付服務，由阿里巴巴旗下的金融子公司螞蟻集團負責營運。不需要透過銀行轉帳或自動扣款，也不用信用卡就能完成付款。支付寶最早始於桌面平台，後來登陸手機平台，並逐漸發展為行動支付（手機支付）服務。支付寶不僅能在任何店面用手機付款，還有「花唄」和「借唄」等相當於信用卡分期付款與信用卡小額貸款的功能。如今中國人只要有一支手機，不用帶現金或信用卡也能出門買東西。

圖7－2　支付寶的機制

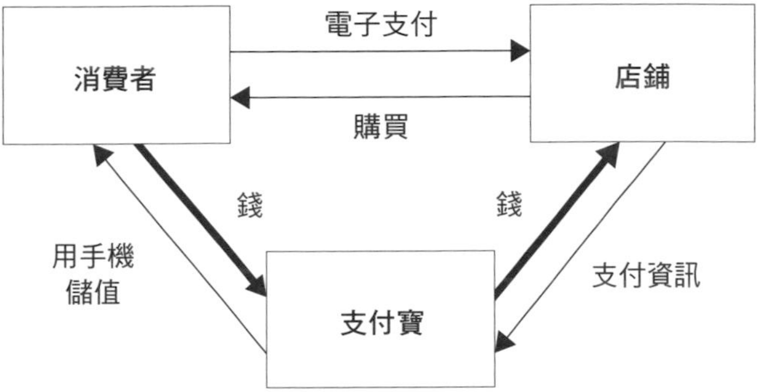

打開無現金經濟的大門

支付寶的月活躍用戶（每個月至少使用一次以上的人）數在2020年6月底已有7億1100萬人。支付寶在2019年7月至2020年6月的總交易金額達到人民幣118兆元（約新台幣520兆元），在第三方支付（經第三方仲介的支付方式）市場的市占率約有5成。其競爭對手的IT龍頭騰訊科技（Tencent）也推出名為微信支付的行動支付服務，快速追趕支付寶。隨著這兩大行動支付的使用人數增加，中國人已漸漸不再使用現金。根據市場調查公司Ipsos的調查（2019年7~9月），行動支付占中國家庭支出的比率為49%，其他各類信用卡為23%，現金只占14%。

中國利用智慧型手機等行動裝置，領先日美歐打開了不使用現金的無現金社會大門。根據日本經濟產業省的資料，目前世界各國無現金支付的比率（2016），德國是15.6%、日本是19.9%、法國是40.7%、美國是

46．0%，而中國則高達65．8%。第一名是韓國的96．4%。但韓國的無現金支付不是來自於行動支付，而是靠信用卡普及實現的。日本在那之後也致力於推動無現金支付的普及化，好不容易在2021年讓這個數字上升到40%以上。

行動支付不只是一種消費工具。阿里巴巴集團活用透過行動支付服務蒐集到的消費大數據資料，實現人工智慧（AI）的實用化。例如為個人信用評分並設定信用額度的芝麻信用就是其應用之一。阿里巴巴陸續將AI引進進貨、物流管理、無人配送，甚至將事業拓展到無人商店和自動駕駛。不只是零售現場，行動支付還提高了物流、金融等行業的生產力，拉高了中國的經濟成長率。阿里巴巴和騰訊如今已超越日本和歐洲的IT公司，可與Amazon和Google等美國企業比肩。它們正是完美體現大躍進模式的企業。

需要留意的是，支付寶的成功不單只是受惠於IT產業的欣欣向榮。其成功的背後還有獨到的創新。阿里巴巴誕生於1999年，原本只是一個幫忙媒合賣方企業和買方企業的商品資訊網站。也就是現在稱為B2B的企業對企業的商業模式。在看過刊登在阿里巴巴上的資訊，找到中意的商品後，賣方企業和買方企業會實際會面採購，支付也是使用現金。因為是企業之間的買賣，所以有時也會用銀行轉帳。

後來阿里巴巴進軍利用網路媒合企業與消費者（B2C），以及媒合消費者與消費者（C2C）的商務。此時阿里巴巴遇到的巨大障礙就是支付問題。因為在2000年代前半，持有信用卡或現金卡的中國消費者還不是很多。在先進國家，消費者在網路上買東西時可以用信用卡結帳，但這在當時的中國卻很困難。雖然也可以用銀行匯款的方式支付，但小額消費財的結帳用銀行匯款太不划算，因為不管金額多小，每次匯款都還是要支付手續費。

加上當時網路購物的規範尚不健全，網購平台上充斥著很多假貨和不良品。消費者雖不介意先付款，卻無法忍受買到假貨和不良品。話雖如此，站在賣方的立場又不願意還沒收到錢就先出貨，畢竟無法保證對方收到貨後真的會付錢。而阿里巴巴想到的解決方案就是代理結帳。

買家在阿里巴巴的網站上買東西時，必須先把貨款存入阿里巴巴的帳戶。確認收到款項後，阿里巴巴會通知賣方，而賣方則在收到通知後寄出商品。等買家拿到商品，確認沒有瑕疵後，會再通知阿里巴巴。這時阿里巴巴才會把一開始收到的貨款轉入賣家的帳戶。這就是支付寶的機制。

但每次小額付費購物都得轉帳到阿里巴巴的帳戶很麻煩，所以後來買家乾脆把錢長期存在阿里巴巴的帳戶內。如此一來，買方就可以直接用存在阿里巴巴的錢在網路上購物。背後的發想跟日本的交通預付卡一樣，都是嘗試把現金轉換成電子資訊價值（電子錢）。後來阿里巴巴的這套系統逐漸完備，讓支付寶也能在自家網站以外的地方使用。

而行動支付就是把這個機制應用在手機上。只需事先把錢存進（儲值）阿里巴巴的帳戶（支付寶），再用手機代替電腦送出支付指令即可。不同於電腦，手機可以輕易地隨身攜帶。

所以不只是在網路上購物，也可以在實體店鋪用來結帳。現在在中國不需要自己輸入結帳資料，只要掃一下QR碼就能完成支付。對小店家而言，手機支付尤其方便。因為信用卡支付需要購買讀卡機等設備，但手機支付只要印一張QR碼就行了。每天的營收狀況也可透過數位的方式記錄，也沒有現金保管的風險。

中國式創新

支付寶的機制只是應用了其他國家發明的技術，理論上任何人只要有心都能辦到，但實際上卻沒那麼簡單。事實上在2000年代前半，來自美國的拍賣網站eBay也曾進軍中國，卻完全不成功。因為eBay執著於美式的信用卡支付，太晚建立像支付寶那樣的功能。阿里巴巴之所以能在電子商務領域取得成功，是因為它非常了解中國的國情。就算把美國的技術和商業模式原封不動地移植到中國，但因為社會結構的差異並不順暢，可見必須配合中國社會進行調整。

日本企業也一樣，過去把美國的技術和商業模式移植回日本時也都做了一番調整。例如Toyota汽車在美國學到庫存管理的重要性後，又自己發明了看板管理的概念。後來從這個概念建立起現在稱為及時化生產技術（Just in time）的零庫存效率化經營手法，撐起了日本汽車產業的榮景。由日本7-Eleven發展出來的POS（銷售時點情報系統）也在日本廣為發展。POS本來只是單純的庫存管理工具，但7-Eleven卻把它用在產品製造上。將哪些商品在何時何地販賣等資訊整理成資料，再用這些資料來開發新商品或管理合作工廠的生產流程。

這類應用都算是優異的創新。提到創新，大家常常把焦點放在與產品研發有關的科學技術上，但引進能為生產工程和流通過程帶來變革的技術也是一種創新。不僅如此，開拓能發掘新客戶和新需求的手法也被定義為一種創新。乍看之下，阿里巴巴和支付寶的成功就像受到幸運之神的眷顧，但背後其實有很多為了讓網路購物在中國社會扎根而想出來的小巧思。在阿里巴巴大躍進的背後，其實存在著中國式的創新。

回頭看看日本，日本過去其實也是藉由把美國研發的新技術調整成適合日本的環境，透過這樣的創新來追趕並超越美國企業。當時仍是新興國家的日本同樣快速超越了先進國家的美國，實現了大躍進。雖然都叫大躍進，但大躍進並不是單靠運氣就能出現。其背後必定存在著某些創新。若日本人看不到阿里巴巴背後的創新，只用運氣兩個字來總結，那將無法預見日本下一次大躍進的發生，未來只會繼續被亞洲企業不斷地超越。

3 通訊軟體＝Naver（主導ＬＩＮＥ的開發，韓國）

韓國ＩＴ企業龍頭Naver的相關企業NHN Japan在２０１１年６月23日推出了旗下的通訊軟體服務ＬＩＮＥ。從４月底開始研發只經過短短２個月的時間。同年３月11

日發生了東日本大地震，手機無法通話，日本人第一次體認到用於傳送訊息的社群軟體的重要性。ＬＩＮＥ在上市之後只用了1年3個月的時間便獲得了7000萬名用戶。

我想就算不用特地解釋，大家應該也都知道什麼是通訊軟體。通訊軟體就是只要在手機上點擊安裝，就能免費且即時地傳送文字訊息，也可以使用語音通訊的應用程式（特定用途的軟體）。別名又叫聊天軟體。英語圈最多人使用的通訊軟體是WhatsApp，而在中國則是WeChat（微信），兩者分別有20億人和12億人以上的用戶。ＬＩＮＥ在日本的使用人數為8800萬人（2021年），再加上泰國和台灣合計約有2億人使用。

韓國資本開發的ＬＩＮＥ

雖然ＬＩＮＥ已是日本國民日常生活中不可或缺的社群平台，但它背後的母公司卻是韓國的Naver，這點三不五時就會被人拿出來議論。有些人擔心ＬＩＮＥ上面的資訊會不會被洩漏到韓國或其他國家去。儘管多數日本人認為ＬＩＮＥ只是受韓國資本資助，軟體是由日本人開發的，但韓國人卻普遍認為ＬＩＮＥ是Naver旗下的產品，基本的架構都是從韓國移植到日本去的。ＬＩＮＥ的確也有使用到韓國的伺服器。日本政府有些部門站在資安的角度

圖7–3 接連發生的大躍進現象

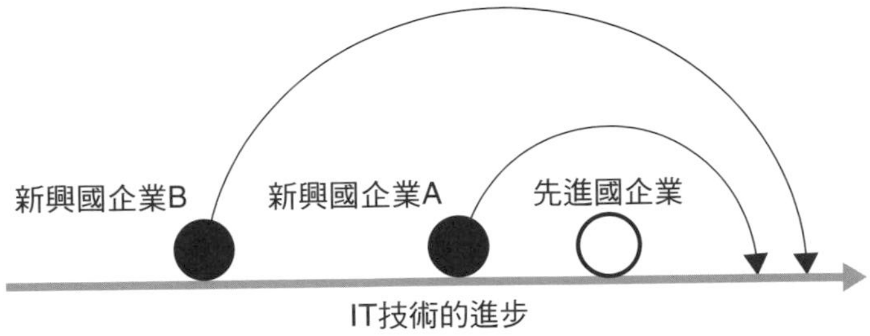

是不使用ＬＩＮＥ的。ＬＩＮＥ在２０２１年與經營日本雅虎的Z Holdings完成了合併，而Z Holdings背後的最大股東是SoftBank集團。Naver和SoftBank聯手後，創造了一間橫跨日韓的巨大網路服務公司。

在慎武宏和河鐘基合著的《危險的ＬＩＮＥ 日本人不知道且不願面對的真實》（日文原書名《ヤバいＬＩＮＥ 日本人が知らない不都合な真実》，光文社，２０１５年）一書中提到，時任Naver會長的李海珍在２０１１年3月11日東日本大地震發生時剛好待在日本，因為無法與家人聯絡報平安，才決定開發ＬＩＮＥ這款產品。書中還引述Naver前經營幹部的證詞，說李海珍曾親口說過他認為在既有通訊手段之外，還需要其他的訊息工具。由於ＬＩＮＥ開發過程的詳細資訊從未公開，因此外人很難得知實情，但在一定程度上應該有受到韓國總公司的支援。

不過真正的問題應該在於，為什麼在２０１１年以前，日本的ＩＴ（資訊科技）龍頭從未推出任何通訊軟體服務。手機

App和平台這種東西一旦普及後，市場就很難再回頭。在LINE問世前一年的2010年3月，通訊軟體KakaoTalk於韓國推出。同年10月日語版問世。或許是看到韓國的競爭對手成功推出KakaoTalk，Naver才急忙在日本推出同類產品吧。

長久以來日本人一直認為日本的網路商務在全球僅次於美國，以為網路商務是按照美國↓日本↓韓國・台灣↓中國↓其他亞洲國家的順序傳播下去。但在通訊軟體的開發上，這項常識被顛覆了。繼KakaoTalk之後，中國在2011年1月推出了微信。通訊軟體領域的傳播，很顯然是按照美國↓韓國↓中國↓日本↓其他亞洲國家的順序進行。換言之，這裡也發生了大躍進現象。在全球競相搶攻市場占有率的IT服務領域，落後1年到半年就已經算是致命的落後了。

Naver是三星集團出身的IT工程師李海珍以內部創業的方式，在1999年成立的。Naver最早是靠網路搜尋、部落格，以及討論區等服務在韓國站穩腳步，這時日本的IT商務還未落後於韓國。日本的網路搜尋服務有1990年代後半登場的日本雅虎，討論區則有1999年設立的原「2channel」。Naver也曾成立日本法人，嘗試推出各種IT服務想打入日本市場，但都不太成功。因為日本早已存在類似的服務了。

日本朝智慧手機翻轉的速度比別人慢

然而，智慧手機的普及改變了整個產業結構。蘋果的第一代iPhone是在2007年發表的。根據美國市調公司Strategy Analytics的調查，2007年韓國的智慧型手機普及率只有0．7%，但2010年已上升到14．0%，2011年則達到38．3%。KakaoTalk是在2010年推出的，這時的市場正需要一款適合這個新行動平台的通訊軟體。

另一方面，日本在2010年7月時，智慧型手機持有率為4．8%，到了2011年7月時，智慧型手機持有率也只停留在12．4%（根據NTT Navispace的調查）。日本沒有搭上智慧手機普及的第一波浪潮，在推出手機通訊軟體方面也晚了一步。即使到了2010年代後半，在各項調查中，日本的智慧型手機普及率在6成多，但韓國已經達到95%，居世界前茅。中國城市地區的智慧型手機普及率在2013年也有將近5成左右。日本的高齡者占整體人口的比率較高，因此較不利於智慧手機這種新機器的普及。

然而，若觀察日本總務省公布的各年齡層智慧型手機持有率，在2013年時30～39歲的持有率也只有7成多。就連年輕世代也較晚改用智慧型手機。在中國，像影音軟體TikTok這種專為智慧型手機打造的App陸續問世，而日本在這個領域也同樣慢了好幾步。因為當時PC平台的影音服務仍是日本市場的主流。智慧型手機普及速度太慢，或許正是日本被韓國和中國「超車」的原因吧。

那麼，為什麼日本朝智慧手機翻轉的速度比別人慢呢？日本在2000年代曾領先全球讓3G（第3代行動通訊技術）在全國普及。3G可以讓手機連上網際網路，NTT docomo也推出了i-mode服務。就連普通的功能型手機也能發送電子郵件和照片。繪文字（Emoji）也是在此時登場的。這個時代的日本人更習慣把「手機」一詞寫成片假名而非漢字。我們甚至可以說，當時日本的行動商務走在世界的前端，還把i-mode賣到了歐洲和印度。

筆者在第一代iPhone問世的2007年時，曾聽一位大學生說過「智慧型手機根本沒有用」。當時日本的大學生早已很習慣用一般手機下載漫畫來看，就算不換智慧型手機，還是能做很多事。所以日本的消費者對換智慧手機這件事並不感興趣。NTT docomo當初對智慧手機的銷售業務很不積極，其他電信商也遲遲沒有推出學生也買得起的便宜智慧手機。早已普及的舊科技阻礙了新科技的普及，發生典型的「創新的兩難（The Innovator's Dilemma）」。

相對於此，當時手機和個人電腦在中國都還未完全普及，因此很多消費者人生中的第一台資訊設備就是智慧型手機。沒有任何會阻礙智慧型手機普及的舊科技存在。低價智慧型手機的普及爆開，使得中國也因此有了世界級的手機大廠。結果，日本沒能誕生出國際級的智慧型手機大廠，在手機應用程式方面也只能對中國望塵莫及。或許日本企業在2010年前後就該致力於行銷，努力讓智慧型手機普及，但不幸的是後來又發生東日本大地震，導致錯失時機。不論是企業還是社會，當手上握有的技術愈強，就愈難適應環境變化。

圖7–4　發展型態的變化

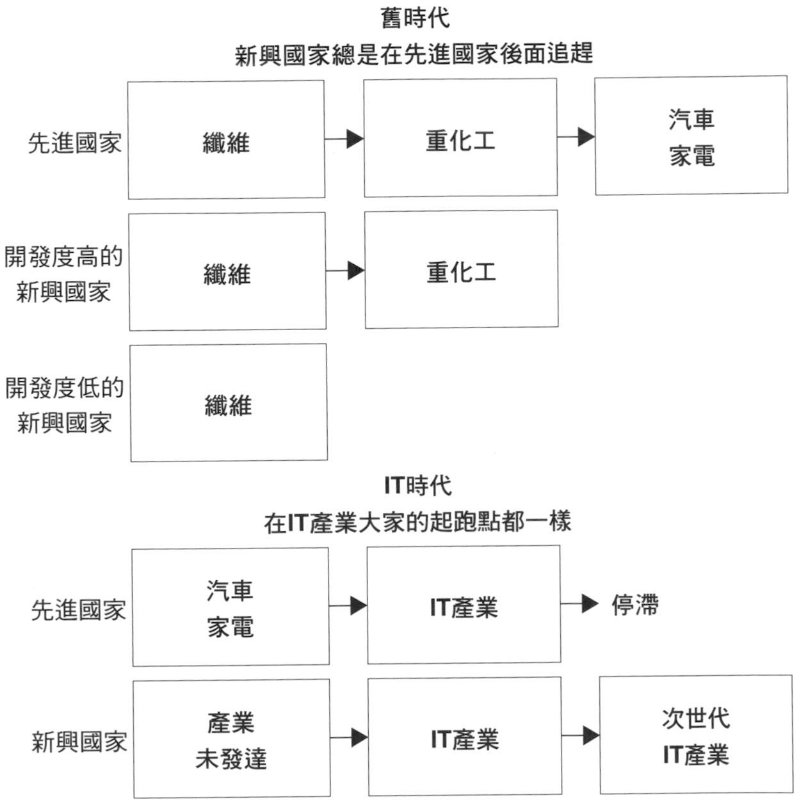

反倒是技術落後的新興國家更有利於引進新技術，從前面介紹的行動支付案例也能明顯看到這種矛盾的存在。日本在1990年代末期就開始在便利商店內設置ATM（自動提款機），打造出隨處都能提領現金的環境。因此進入2000年後，信用卡的普及速度遠遠不如韓國。而韓國則因為信用卡太過普及，導致在行動支付領域大幅落後中國。

而汽車產業也是如此，由於日本很早就研發出混合動力技術，因此比別人更慢投入電動車（EV）市場。以中國為首的新興國家正打算在電動車領域也來一次大躍進，透過法規禁售燃油車以促進電動車的普及。一如智慧型手機，電動車一旦普及，取得各種規格的先機之後，後起者就很難追趕。日本消費者對電動車的關心度仍然不高，希望日本不要再重蹈智慧型手機的覆轍。

第8章

勝者全拿

——壟斷才是競爭力的泉源

壟斷・寡占型企業的成長模式近年重新受到注目。在美國的ＩＴ（資訊科技）領域，巨型科技公司正逐漸控制產業的每個角落。壟斷還是非壟斷，本章我們要來看看那些不斷在錯誤中摸索學習的亞洲企業。

1 壟斷型企業＝現代汽車集團（韓國）

韓國的現代汽車在２０２０年的國內銷售量比前一年增加了６・２％，達到78萬７８５４輛。子品牌起亞汽車的銷售量也增加了６・２％，來到55萬２４００輛。包含進口車在內，現代（４成）和起亞（３成）兩個品牌合計在韓國國內的市場占有率達到７成。２０２０年由於新冠肺炎大流行，全球的汽車銷量都呈現衰退，現代汽車集團的全球銷量比前一年減少了12％，只有６３５萬輛。儘管出口和國外產量都下跌，現代汽車和起亞汽車在韓國國內仍擁有壓倒性的市占率，全年純益分別維持在２兆１１７８億韓元（約新台幣５００億元）和１兆５０２７億韓元。

從以前便有人認為，接受市場上存在壟斷・寡占型企業，對於產業的發展會比較有利。放任自由競爭會導致過度競爭，為了成長增資，企業可能會面臨資金周轉上的問題。在新興國家，許多人傾向於認為讓一間企業獨大，才有能力去跟先進國家的巨型企業抗衡。企業規模愈大愈可以產生規模效應，在市占率和價格方面也有利於跟先進國企業競爭。在全球化的經濟社會中，巨型企業正以世界性的規模展開激烈的競爭，有人認為，這樣就不容易造成迴避競爭的那些獨占、寡占的弊病。

亞洲金融風暴推動韓國企業的整合

韓國的現代汽車集團是亞洲企業整合的成功案例之一。現代財團底下的汽車部門成立於1967年。現代的汽車部門是從替福特汽車生產散裝料起家，後來接受三菱汽車工業的幫助，在1975年開始生產第一款國產車「Pony」。後來現代在1998年買下了陷入經營危機的起亞汽車，組成現代汽車集團。當時現代和起亞兩個品牌在韓國國內的市占率合計超過了6成。儘管有人認為這次的M&A（企業間的合併．收購）違反了韓國的《反壟斷法》，但最後韓國政府以「強化國際競爭力的企業結合」條款同意了這項併購案。

1990年代的汽車產業界有一個流行用語，叫做「400萬輛俱樂部」。當時的主流認為汽車零件和汽車平台（Platform）應該盡可能通用化，以減少產品開發的成本。為此自家公司或自家集團內的產量最低應達到400萬輛。只要規模夠大，無論是零件調度或銷售戰略都會更有利。當時正值歐美的汽車廠牌不斷透過併購擴大規模的時期。

圖8–1　壟斷型企業的培植

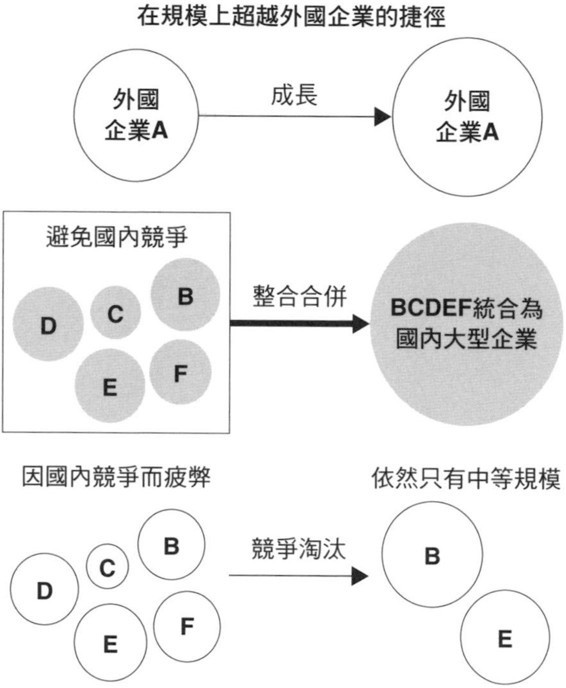

然而，現代汽車在1998年的銷量只有85萬輛，規模根本不足以去收購外國車廠。放眼全球，仍是小廠牌的現代汽車想要擴大規模，唯一的方法就是跟國內比自己更小的車廠合併。老牌的起亞汽車因為受到亞洲金融風暴影響於1997年破產，這對現代而言正是絕佳的機會。現代統一了自家公司和起亞的生產基礎，實現了零件通用化。在提高生產能力之後，現代汽車集團開始進攻外銷市場。

在實質上合併起亞汽車後，現代汽車集團的全年銷量終於在2006年達到401萬輛，躋身400萬輛俱樂部。2020年現代汽車集團的全年銷量為635萬輛，排名世界第六。現代汽車只花了十幾年的時間，就從一間年產量不到100萬輛的新興國家小車廠，成為擠進世界前5名的汽車大廠。韓國國內的汽車市場需求量只有190萬輛左右，與其和其他車廠在小小的國內市場互相競爭、消耗彼此，不如整合經營資源一起取得海外市場，這樣成長得更快。換言之，企業整合＝容許壟斷。

賺國內的錢，搶海外的市場

當然，韓國國內也有些人對現代汽車集團的壟斷感到不滿。他們質疑現代汽車是「仗著獨大來抬高國內汽車價格以確保利益，再拿這些資金去搶攻海外的市占率」。現代汽車過去曾公開集團在各大地區的獲利，觀察2010年的全年數據，現代汽車集團的全年合併營收為112兆5896億韓元，其中國內的營收為55兆5467億韓元，幾乎占了一半。而營業利益為9兆1177億韓元，其中國內為6兆7696億韓元，占了74.2%。代表獲利有超過7成是來自韓國國內市場。

接著我們再來看看國內外的生產比率。2010年現代汽車在全球的生產量為361萬2500輛，其中國內產量占了173萬7000輛（47.9%），代表海外的產量高於國內產量。而國內生產的173萬輛中有65萬7900輛是在國內販售，剩下的107萬2800

輛則是出口到海外。起亞的全球生產量為212萬9900輛，其中國內產量為140萬300輛，國內銷量為48萬3400輛。明明海外的銷量大，獲利卻不怎麼樣，顯示大部分的獲利都是靠出口和內需市場撐起來的。

由此可以導出兩個結論。第一是現代和起亞汽車靠著生產體制的整合，實現了汽車平台的統一與零件通用化，所以能用比其他公司更低廉的成本在國內生產汽車，並藉此確保在國內市場擁有較高的營益率。第二是有許多人質疑，現代汽車是仗著在國內市場的壟斷地位，抬高了國內的售價。2008年有一篇報導指出，現代汽車的高級車系Genesis（排氣量為3800cc）在美國的定價是3萬2000美元（按當年的匯率計算，約為3100萬韓元），但相同車款在韓國的定價卻是5280萬韓元（《東亞日報》，2008年4月4日）。

Genesis車系在韓國國內的定價異常的高，看來是由於市場上的競爭車款少，使得現代汽車集團得以掌控整個韓國的市場。或許像Genesis這種極端的例子屬於少數，但現代汽車確實曾經要求該系列的經銷商不要降價出售。因為實質上的合併，現代汽車和起亞汽車在韓國國內的市場占有率從6成提升到超過7成，走向了壟斷之路。這令現代集團得以採取確保國內獲利，再用這筆資金搶攻海外市場的戰略。

如前所述，2020年新冠肺炎在全球大流行讓現代汽車集團的合併銷量減少了1成以上，但在處於壟斷狀態的韓國市場，藉著銷量增加，還是確保了集團的獲利。韓國在亞洲金融風暴之後，不只汽車業界，連家電．電子業界也發生了企業整合，陸續整併進三星集團和LG集團，並靠著集團的規模化經營來攻略海外市場。

對企業整合抱有遲疑態度的日本

日本人深信市場壟斷會妨礙自由競爭，使企業喪失活力，因此一直以來都對企業整合抱有遲疑的態度。美國自建國以來便信奉自由競爭，但19世紀後半葉出現了洛克斐勒家族對石油產業的壟斷，透過龐大的資本控制整個產業，成了新的社會問題。1890年美國通過《休曼反托拉斯法》，政府開始出手阻止企業的壟斷．寡占行為。二次大戰後，受到美國影響的日本將三井、三菱、住友等大財閥一一拆分，藉以避免產業被一間公司或一個財閥所控制。企業合併之後市場占有率超過50％的併購案是不被認可的。Toyota汽車也受到反壟斷潮流的影響，並未與生產卡車的日野汽車和生產輕型汽車的大發工業合併，只以集團公司的形式維持若有若無的結合。

結果，不論是汽車產業還是家電．電子產業，日本都由10間左右的大型公司在小小的國內市場互相競爭。在汽車產業方面，疲於在國內市場競爭的三菱汽車工業和日產汽車等公司，都在泡沫經濟崩壞後陷入經營危機。而在個人電腦產業方面，2000年時NEC的市場占有率仍位居全球前幾名，但後來也在與其他日本廠牌的激烈競爭中全軍覆沒，到了2020年日本的電腦製造業已經進不了全球的前5名了。在全世界的市場上，電視也差不多只剩下索尼還在了。

反壟斷先鋒的美國也從1990年代開始，漸漸默許巨型企業的存在。因為隨著時代的推移，為了維持國際競爭力，企業規模重於一切。後來合稱GAFA的Google、Apple、Facebook、Amazon這4家公司逐漸掌握了整個科技業，儘管每隔一陣子就有人跳出來呼籲這些巨型企業應該進行拆分或受到管制，但為了維持企業・產業的競爭力，美國政府也始終選擇不介入。

在親眼見證亞洲企業的崛起之後，日本也從2010年代開始推動企業整合，金融、鋼鐵、汽車、家電・電子等產業均陸續進行重整。在鋼鐵產業方面，日本製鐵和JFE鋼鐵兩大廠合計的粗鋼產量占日本國內的65%左右，已是寡占的狀態。不過，日本的企業整合大多是單一企業活不下去後由政府出手主導，所以有時結果並不理想。也有一些生產記憶體或面板的企業在合併後陷入經營困難。

2 拆分再合併＝中國中車（中國）

中國兩大鐵路車輛製造商中國南車集團和中國北車集團在2015年合併，成為新的中國中車集團。2014年，當時南車集團和北車集團的年營收都超過新台幣3400億元，合併後更成為營收規模近新台幣1兆元的鐵路車輛製造商，大幅超越營收約新台幣2300億元的加拿大龐巴迪公司（Bombardier Inc.）和德國西門子公司。中車集團在中國國內的市場占有率超過8成，全球市占率約為2～3成。南車和北車過去經常互相搶奪海外訂單，因而擠壓到獲利。後來在中國政府主導下，才實現了南車和北車的合併。

失去競爭力的企業，就算把它們全部整併在一起，通常也不會有什麼效果。所以有一種看法認為，最好是趁企業體質還可以的時候，由政府在早期的階段就進行整合。有些企業之間談不攏的合併案，只要政府強力主導就有可能實現。企業的數量減少後，就能由政府指揮生產線調整和事業轉型等事宜。這種合併就像是由政府主導的獨占聯盟（Cartel），只要走錯一步就會使消費者權益受損。在政府權力普遍較大的亞洲，尤其是中國，這種想法特別容易得到支持。

國有企業拆分失敗

在這個例子中，南車集團和北車集團原本都是中華人民共和國鐵道部轄下的鐵路工廠。在計畫經濟體制下持續擴張的國營生產部門，普遍都存在著品質低落和經營缺乏效率的弊病。1980年代，全球正流行柴契爾主義，想要藉由來自民間的力量讓經濟復甦，政府事業或政府機關均掀起民營化的浪潮。同一時期，中國也開始推動政府機關或國營事業企業化的經濟改革。在推動企業化之際，中國政府決定將政府機關拆分成數間不同的公司以促進競爭。

在這樣的潮流中，原本隸屬鐵道部工業總局的生產工廠也在1980年代轉變成名為中國鐵路機車車輛工業總公司的企業，接著又在2000年代拆分成南車和北車。在中國國內，南車主管中國南方，而北車主管中國北方，兩者涇渭分明。然而在把鐵路車輛外銷到海外時，兩間公司不得不正面對決。當時，北車集團以每輛239萬美元的報價來競標阿根廷的鐵路標案，結果南車竟然提出每輛127萬美元的競標價格，形成了低價競爭。

南車和北車把經營資源消耗在內鬥上頭，有可能讓中國在與德國和日本等先進國企業的技術競爭中屈居劣勢。中國政府認為要把中國的高鐵賣到全世界，就必須先穩固這兩家公司的經營基礎。於是決定讓南車與北車進行合併，回歸到由一間國有企業獨占中國鐵路市場的體制。換言之，企業拆分的政策失敗了。

中國將企業進行拆分，最後以失敗告終的例子也很多。例如在旅遊航空業，過去民用航空

圖8-2　壟斷型企業的拆分與再合併

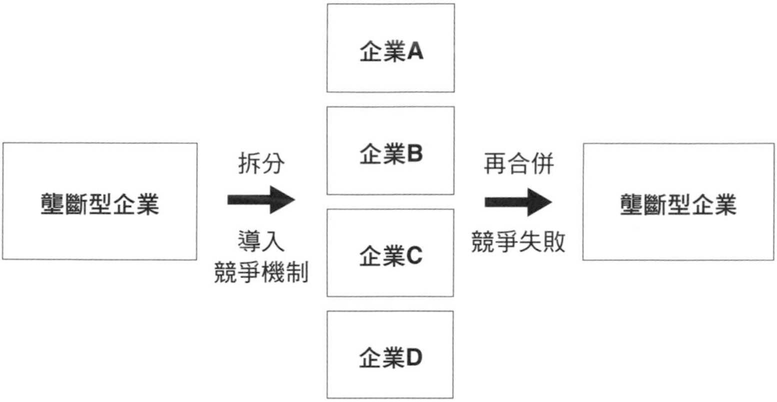

總局的航空事業也曾經企業化，被分成國際航空、北方航空、東方航空、南方航空、西南航空與西北航空這6家航空公司。然而拆分之後，這6家公司的經營狀況都不太好，後來北方和南方、西北和東方、西南和國際再次合併。不過合併成3間公司後經營狀況依然沒有改善，最後這3家公司又在2000年代後半相繼接受中國政府資助。

中國的電信公司過去也是主管電信的政府單位。1990年代末期，中國郵電電信總局相繼被拆成中國電信、中國移動通信、中國網路通信3間公司。後來進入行動電話時代，原本就負責行動通訊業務的中國移動漸有獨占鰲頭的跡象。根據中國手機通訊的市占率調查，中國移動在當時約有6～7成的市場占有率。由於市場缺乏其他競爭者，中國手機用戶對「通話費太貴」極其不滿。結果2010年代後半才在中國政府的主導下調降了費率。

在鐵路車輛領域，雖然成功拆分成多間公司導入競爭機制，卻反而發生過度競爭的問題。在旅遊航空業則是因為沒有考慮到經濟落差，依照地區分得太細，結果削弱了各家公司的體力。在通訊領域，企業尚未拆分前雖然沒什麼問題，但實際上卻是允許一家獨大，導致費率居高不下。由政府主導的企業重整往往容易流於紙上談兵，難以按照原本的構想發展。

國進民退

中國政府的企業整合大多是為了解決供給過剩的問題。尤其是鋼鐵、水泥、玻璃等材料產業，大小廠商不斷搶進，使得供給過剩成為常態。而供給過剩又會造成市場價格下跌，導致難以回收投資設備的錢，最終讓公司瀕臨破產。從資金、資源、就業的層面來看，供給過剩會對經濟造成傷害。個別企業和地方政府都有各自的利益考量，任何一方皆不願縮小規模。所以，中央政府只好動用其巨大的權力強制企業合併，以阻止過度生產和過度投資的現象。

在鋼鐵業方面，總部設於上海的寶鋼集團在2016年跟湖北省的武漢鋼鐵進行合併，成為中國寶武鋼鐵集團。後來又跟安徽省的馬鋼集團合併整合，粗鋼生產量在2020年達到1億1500萬噸。這個數字已經超越了歐洲安賽樂米塔爾公司（ArcelorMittal, S.A）的7800萬噸，坐上世界第一的寶座。2008年，唐山鋼鐵集團與邯鄲鋼鐵集團等公司合併，成立河北鋼鐵集團。2020年河鋼集團的粗鋼生產量達到4400萬噸，超越日本製鐵的4100萬噸，爬到世界第三的位置。

在中國政府主導企業整合和調整生產的過程中，也有一些企業被迫犧牲。2004年，民營的江蘇鐵本公司有一項產量840萬噸的鋼鐵生產計畫遭到中央政府的破壞。鐵本公司的經營者戴國芳是做鐵屑回收生意起家的，後來進軍製鐵業。他到處收購賠錢的製鐵廠，成為少數順利發展的民營企業。鐵本公司與江蘇省常州市政府合作，訂立了大型生產計畫，後來卻在調整生產的階段，遭中央政府以違法為由讓一切化作烏有。

中央政府在進行生產調整時，理所當然會以國有大企業的利益為優先。小型的民營企業很容易在調整階段遭到修理。從這個時期開始，在中國很常聽到「國進民退」這個詞。意思是得到政府優待的國有企業向前進，而得不到政府援助的民營企業則只能往後退。民營企業的經營者對事業充滿熱情，是產業的最佳推手。而政府的介入很可能會破壞好不容易形成的創業精神。政府若主動打造環境去培植強大的壟斷型企業或寡占型企業，那些被排除在外的企業就很容易失去活力。

表8－1　中國國內主要行業的企業市占率

電子商務	阿里巴巴	約6成
行動支付	支付寶	55%
手機遊戲	騰訊	45%
行動通訊	中國移動	約6成
加油站	中國石化	約3成
	中國石油	約2成

［出處］根據中國媒體的資料整理而成

儘管日本一直對企業整合抱有遲疑的態度，但曾有一段時期政府也積極介入民間企業，為產業規劃資金和資源的分配。原通商產業省（現經濟產業省）在1950年代便為了促進鋼鐵業生產設備的現代化而制定出合理化計畫，限制只有政府認可、具有實力的企業才能建造生產工廠。原川崎製鐵（現JFE鋼鐵）的社長西山彌太郎則不顧通產省和日銀的反對，在千葉建造了用於熔煉鐵礦石的高爐。當時川崎製鐵才剛從川崎重工拆分出來，在鋼鐵業界勢單力薄。那時只有八幡製鐵、富士製鐵、日本鋼管這3家公司擁有設有高爐的一貫作業鋼鐵廠，西山的決定打破了過去由傳統大廠寡占的狀態。而川崎製鐵的一貫作業鋼鐵廠也撐起了後來日本的經濟成長。

1961年通產省還出手整頓了汽車產業。當時，日本國內有近20家汽車製造商，通產省藉由新的規定，限制新的公司加入。本田技研工業（Honda）的創始人本田宗一郎則跳出來反對。當時Honda還沒開始生產四輪車，只是一間二輪車廠。本田宗一郎搶在限制令通過前急忙開始製造並販售四輪車。最後，限制新的公司進入四輪車製造業的法案成為廢案。假如本田宗一郎聽從政府的規定，放棄進入四輪車產業的話，恐怕後來就無法做出震驚全球的各式汽車引擎了。

政府應該在早期就整合企業，集中經營資源幫助企業成長；還是應該放任企業自由競爭，讓活下來的企業自己去吸收競爭對手的企業呢？究竟哪種方式能培植出實力更強的企業呢？這項爭論近乎信仰之辯，答案或許只能各憑主觀了。

3　超級App＝騰訊控股（Tencent，中國）

中國網路巨頭騰訊在2017年1月推出了可在自家通訊軟體「微信」（WeChat）內使用的「小程序」（Mini-Programs）服務。只要從微信打開小程序的首頁，就能看到各種遊戲、叫餐、叫車、購票、健康診斷等應用程式。所有應用程式都能直接用微信帳號登入，付費服務則可使用微信支付。不需要打開其他應用程式，一個微信支付就能使用絕大多數的網路服務。這種一個應用程式就能包辦所有事情的App，在IT業界稱為「超級App」。

圈住消費者的商業模式自古以來就存在。例如利用集點卡提供折價或優惠，以免消費者跑到其他競爭對手那裡去。網路商務領域也常使用同樣的戰略，而超級App可說是這種戰略的終極版本。多數網路使用者都對不同服務得切換不同應用程式這件事深感厭煩。因為得下載新的應用程式，還必須登錄帳戶才行。而騰訊正是為了解決這種困擾，才開發了能在微信App上運作的小程序，讓使用者能在微信中直接使用別的應用程式。如此一來用戶不需要打開別的

圖8－3　超級App的登場

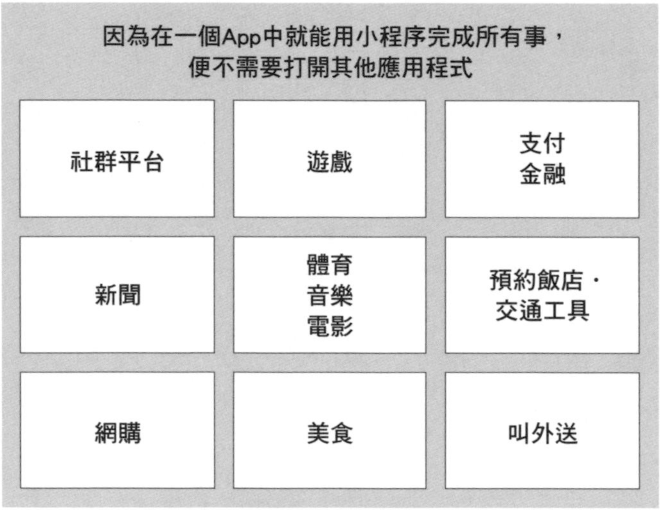

應用程式也能使用其他服務。

壓倒性的用戶數量讓一切變得可行

騰訊推出的通訊軟體——微信已成為中國人共同的交流平台。這個應用程式可以傳送短訊、照片、影片，也可以進行視訊通話。同時還能使用微信支付（WeChat Pay）在手機上進行付款。在中國，可以說只要有智慧手機的人幾乎都在使用微信。隨著智慧手機的普及，微信逐漸在中國扎根，中國國內的月活躍用戶數已達10億3000萬人（2020年）。

由於微信擁有以億為單位的用戶數，因此小程序的使用人數也輕輕鬆鬆突破上億人。2020年，微信小程序的日活躍用戶數超過4億人，小程序數量也已超過300

萬。知名度低的網路公司常為接觸不到使用者所苦，但只要跟騰訊合作就能大幅提升獲得新用戶的機會，因此許多公司都搶著推出小程序。結果，網路使用者留在騰訊平台上的時間變得更長。例如最近有個叫做「跳一跳」的小程序遊戲就非常流行，增加了使用者逗留在騰訊平台上的時間。

網路公司是靠著提高用戶數、瀏覽次數及停留時間來增加廣告收入。觀察中國使用者在各家網路公司的使用時間比率，便可發現騰訊旗下的應用程式以39．5%獨占鰲頭。阿里巴巴則占10．3%（根據QuestMobile的調查，2020年6月）。阿里巴巴的主力產品是支付服務，用戶在網站的停留時間很短暫，相較於此，騰訊因為擁有遊戲和影音服務，用戶在網站的停留時間就很長。若再加上小程序，微信就成為一款完全不需要打開其他應用程式的超級App。正所謂的「勝者全拿」。

將觸角伸向全世界的內容產業

騰訊是馬化騰（Pony Ma）在1998年成立的公司。騰訊靠著旗下的桌面聊天軟體「QQ」大獲成功後，便與阿里巴巴集團並列為中國科技業的領導者。2010年代，專為智慧手機平台打造的微信在中國普及，騰訊成長為巨型企業並開始發揮影響力。騰訊變大後採用的戰略跟美國的IT公司一樣，都致力於擴大自己的「生態系統」。網路的生態系統就類似自然界中各種生物互相依賴共存的生態系，目的是藉由串聯多間公司來組成共存共榮的商業圈。騰訊加強了與提供應用程式和內容的各類公司之間的合作。

例如，騰訊投資了在日本也小有人氣的影音分享網站「bilibili」。bilibili靠著發行手機遊戲、動漫畫等內容擄獲了大批中國年輕人的心，迅速發展為實力強大的IT公司。騰訊還投資了可在手機上製作並上傳影片的「快手」和網路直播服務的「鬥魚」。除此之外，還有電子商務的「京東」（JD.com）、團購平台「拼多多」，藉此打造出可與阿里巴巴對抗的陣容。騰訊的出資比率大多在1～2成之間，並沒有完全掌控每家公司，而是讓它們跟騰訊自己的服務結合，在短時間內建立起巨大的生態系統。

當然，說好聽一點是建立生態系統，但講白了就是把有實力的公司納入自家的生態系統（商業圈），然後用生態系統圈住用戶。雖然騰訊並未強制束縛合作的夥伴，但各家公司進入騰訊的生態系統後，都在不知不覺中變成騰訊獲得用戶的工具。現在騰訊也積極投資人工智慧（AI）、虛擬實境（VR）、自動駕駛、電動車等領域，在科學技術方面有些領域甚至已經領先阿里巴巴。

不僅如此，騰訊還大舉投資、收購全球的遊戲、音樂、電影等內容製作公司。例如美國的電影製作公司Skydance Media、STX Entertainment，還有美國的華納音樂集團都有接受騰訊的投資。而在騰訊最擅長的遊戲業，開發出塔防遊戲英雄聯盟的美國Riot Games、開發手機遊戲的芬蘭Supercell皆被騰訊收購。在韓國，騰訊也入股IT巨頭Kakao，控制了Kakao旗下的內容。騰訊正積極蒐集全世界的內容，企圖建立橫跨海內外的強大生態系統。而面對騰訊的全球擴張，很多國家也紛紛出現反對聲浪。

中國政府制裁大型科技公司

過去，中國政府一直對騰訊的擴張睜一隻眼閉一隻眼。然而2017年，中國共產黨的機關報《人民日報》突然刊文批評騰訊害中國年輕人沉迷於遊戲，令騰訊股價大跌。近年騰訊旗下的新聞網站急速成長，中國黨媒和官媒則陷入苦戰。外界認為中國政府的目的是想藉由批判騰訊核心的遊戲業務，來降低騰訊旗下媒體的影響力。中國共產黨在2020年決議加強反壟斷措施，阿里巴巴和騰訊的相關公司都被舉報違反了《反壟斷法》。阿里巴巴為此還支付了相當於新台幣800億元的罰金。

或許是因為騰訊旗下的事業如通訊軟體、遊戲、動畫、電影、流行音樂等對中國政府而言都是不熟悉的領域，所以過去才一直放任不理。而阿里巴巴的行動支付對中國政府而言是可以外宣的政績，因此不只不打壓甚至還出手保護。但隨著這兩家公司的影響力愈來愈大，中國政府的態度也慢慢變得強硬。

尤其在阿里巴巴靠支付寶進軍金融商品和保險業務後，中國政府開始陸續祭出管制措施。

因為流向阿里巴巴金融商品的資金甚至超過了中國4大國有銀行之一中國銀行的個人定存總額。保險也同樣可用網路降低成本，轉眼間就吸引超過1億人加入。雖然表面上是在批判阿里巴巴進軍金融業為金融市場帶來混亂，但讓中共當局忍無可忍的真正原因，或許是因為阿里巴巴將手伸入由掌權階層在背後經營的金融事業。為了因應政府的反壟斷政策，阿里巴巴宣布開放用戶在旗下的網購平台淘寶使用競爭對手微信的支付服務。

明明是在政府主導下扶植起來的壟斷型企業，一旦不聽話就馬上出手制裁，讓人對中國政府留下任性妄為的印象，但或許是中國政府擔心不斷擴大的騰訊和阿里巴巴的影響力若超越共產黨，將會動搖統治的根基，因而有了危機意識。而為了確保IT領域的研發資金，以及蒐集研發AI所需的數據，IT企業的規模必須變大。話雖如此，政府又不希望讓這些企業擁有壓過政府的力量。政府該允許巨型科技公司獨占到何種程度，這不只是中國，而是世界各國共同面臨的難題。

管制巨型科技公司的問題就類似縮減軍備。當對手持續擴張軍備時，若只有自己單方面縮減軍備就會陷入不利的局面。正因為如此，美蘇時代的軍備縮減計畫才會進展緩慢。對巨型科技公司的管制也一樣，若只有自己國家推動管制，就會幫助其他國家的巨型科技公司發展。為了不在IT產業競爭中落後他國，各國都不敢出手管制自己國家的巨型科技公司。

第9章

國家資本主義——政府與民間的結合

20世紀前半，國家利用企業的利益和技術，企業也利用國家的權力和輔助的「國家資本主義」曾盛極一時。後來，由於權力和財富過度集中在一方，國家資本主義因而受到批判，開始失勢。然而，國家與企業一體的國家資本主義如今在亞洲重新受到注目。

1 政府持股的投資公司＝淡馬錫（新加坡）

新加坡航空在2020年3月公布了最高190億新加坡元（約新台幣4000億元）的緊急融資政策，計畫發行53億新加坡元的附加股，並向股東發行97億新加坡元的10年期強制性可轉換債券。若股東不同意增資的話，可由政府控股的投資公司淡馬錫控股進行收購。淡馬錫持有新加坡航空55%的股份。為防止短期資金不足的情況，淡馬錫旗下的星展銀行也提供了40億新加坡元的過橋貸款。當時新加坡航空正因新冠肺炎大流行而面臨幾乎所有航線都停飛的危機。

在新興國家，嘗試融合市場經濟（資本主義）和國家主義（社會主義）的做法屢見不鮮。而新加坡則被視為成功的案例之一。新加坡靠政府資金扶植企業，建立了股份公司的體制。成長後的企業依循市場經濟的原則追求最大利潤，而身為大股東的政府則可坐享大筆股利。政府雖然是企業的大股東，卻不干涉企業本身的經營。不過，一旦公司遇到經營危機等突發情況，政府又會迅速出手解決問題。

由政府主導開發，然後追求利潤

在新加坡，名為淡馬錫的投資公司，在政府與官股企業中間扮演了橋梁的角色。新加坡是1965年從馬來西亞獨立出來的國家，但當時除了貿易和輕工業以外，新加坡沒有任何亮眼的產業。於是新加坡政府自己扶植造船、海運、石油、金融、港口等產業，力圖讓經濟趕上其他國家。爾後在1974年，為了管理數量愈來愈多的官股事業，新加坡政府成立了淡馬錫公司。這間公司是由新加坡財政部100%持股。而所有的官股事業都被歸入淡馬錫公司底下，並以企業的形式，在市場競爭中發展。順帶一提，淡馬錫就是新加坡的古稱。

淡馬錫底下的企業除了新加坡航空外，還包括通訊業的新加坡電信、金融業的星展銀行、工程業的新加坡科技工程、不動產的凱德集團（Capitaland）。1990年代以後，淡馬錫公司底下的企業陸續實現公開募股，淡馬錫公司也分到了一杯羹。淡馬錫最初是為了管理企業而成立的公司，後來漸漸變成替新加坡政府賺錢的官股投資基金，主權財富基金（Sovereign Wealth Fund，簡稱SWF）的色彩愈來愈強。

全球出色的基金管理人都聚集到淡馬錫公司，致力於提高公司獲利。淡馬錫也要求旗下

表9−1　官股投資基金排名

排名順位	名稱	國家・地區	總資產（億美元）
1	挪威政府年金基金	挪威	12,894
2	中國投資（CIC）	中國	10,457
3	科威特投資局	科威特	6,929
4	阿布達比投資局	阿拉伯聯合大公國	6,491
5	香港金融管理局	香港	5,805
6	新加坡政府投資公司（GIC）	新加坡	5,450
7	淡馬錫控股	新加坡	4,844
8	沙烏地阿拉伯公共投資基金	沙烏地阿拉伯	4,300

[出處] SWFI，2021年8月的資料

的企業努力增加股東的利益。官股企業或國有企業為了搶奪政府預算，在經營方面往往很容易忽視獲利；但淡馬錫旗下的企業則會努力追求獲利。旗下企業的經營者若不能提高獲利，大股東淡馬錫就會向該公司施壓。淡馬錫20年的平均投資報酬率為8％（2021年）。旗下企業雖然面臨與其他國家大公司的競爭，仍然成長為世界級的優秀企業。例如新加坡航空在各種顧客滿意度調查中就經常在世界中名列前茅。

旗下的企業成長之後，淡馬錫公司可運用的資產也愈來愈多。1974年成立之初，淡馬錫公司可以運用的資產為3億5400萬新加坡元，但是到了2021年3月底已經達到3810億

新加坡元（按2022年的匯率計算，約為新台幣8兆1000億元），增加了1000倍以上。淡馬錫的成功被視為是政府和企業的理想結合模式，並曾經蔚為一股風潮。一個產業在發展的初期需要巨額的資金，單靠脆弱的民間資本根本難以支撐。政府在這個階段提供穩定的資金，等事業上軌道後就進行官股事業民營化，並移交給官股的投資公司管理。投資公司再依市場經濟的實際原則讓各公司追求獲利，賺取回報。政府則可獲得比當初投資時還要多好幾倍的資金，並用來填補稅收。

中國的國有企業改革模式

不過，相信很多人都對這個模式感到疑惑。當旗下的公司上市，經營步入正軌後，政府明明可以把手上的持股全部賣掉，但新加坡卻沒有這麼做。以日本為首的許多先進國家在官股事業轉型民營化時，都會賣掉絕大部分的政府持股。即便要保有官股投資公司，理論上用賣掉股份的錢去投資其他有潛力的未上市公司會更有效率。然而，淡馬錫至今依然持有新加坡航空等數間企業超過一半的股份。

只要看看那些政府握有過半股權的業種就能知道答案。航空、通訊、電力、資訊、國防等等，都是與國家安全有關的領域。當這些領域有意外發生時，最好能讓政府有介入處理的空間。新加坡是一個都市國家，想在這個不利的條件存活下來，就不能把基礎建設的經營權交給外國。各國的航空公司都在2020年的新冠疫情中面臨經營危機，但一如開頭介紹的事例，新加坡政府卻運用淡馬錫公司及早提出實質的援助政策。

另一個答案則是讓企業和政府合而為一的理念。新加坡會挑選出優秀的兒童，對他們實施菁英教育。大學畢業後，這些菁英就成為政府的官僚，然後在人事輪調的過程中也會被派駐到淡馬錫旗下的企業。在政府內負責制定政策的人會移動到企業，將政策落實在商業上。在企業做出成績後，這些人會再回到政府繼續擬定國家策略。菁英在政府和企業間來來去去，有效地經營國家。要讓這種模式順利地運作，政府就必須保有部分的官股企業。

例如，新加坡總理李顯龍的弟弟李顯揚以准將一職從新加坡武裝部隊退伍後，便進入新加坡電信擔任總裁（CEO）一職。後來又進入新加坡民航局擔任顧問。李顯龍的妻子何晶也長年擔任淡馬錫公司的CEO（2021年卸任），而在那之前，何晶便曾以工程師的身分在國防部和新加坡科技工程集團任職。在新加坡，愈優秀的人才就愈不會受到政府・企業的限制，他們有更多機會被輪調到不同的單位歷練。而在企業工作的那段時間，就會看出他在市場經濟中的表現成績。

但上述這種政治家、官僚、財團三位一體的制度也存在缺點，那就是容易產生裙帶關係（nepotism）。亞洲社會常被批評存在著仰賴人脈和關係的後門文化。對此新加坡則用嚴格的法治主義來防範貪腐行徑。過去淡馬錫公司的內部營運狀況長期不透明，但何晶接任CEO

圖9-1　淡馬錫型的國家資本主義

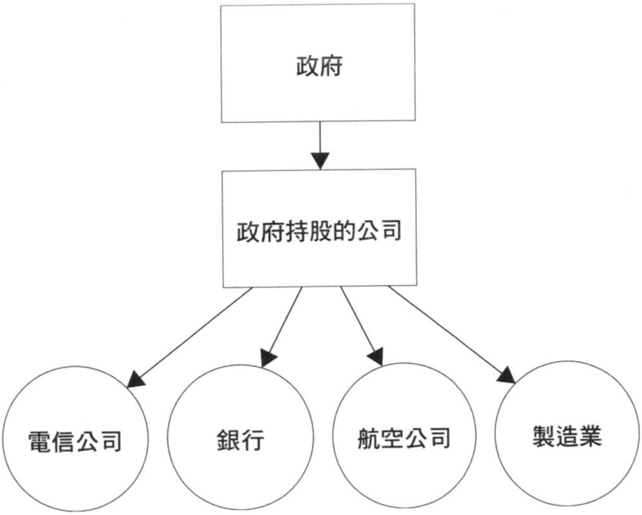

之後開始每年提供財報，公開公司的財務狀況。在企業經營方面，相較於其他的亞洲企業，新加坡企業的透明度一直名列前茅。

國家和企業合一的淡馬錫模式受到中國的青睞。中國早期曾致力於改革欠缺效率的國有企業，但又擔心企業改革後有可能會脫離共產黨的控制。站在政府的角度，必須極力避免企業去資助與共產黨敵對的政治勢力。讓國有企業變成上市公司，然後成立由政府出資控股的投資公司，再透過官股投資公司管理、控制國有企業的體制，對中國政府相當具有吸引力。而且政府還握有關聯企業的人事決定權。本來這個模式只能在資本市場的監督和嚴格的法治社會中才能有效運作，但徒具形式的淡馬錫模式卻在中國大肆氾濫。

2 優良事業部門民營化＝京滬高速鐵路（北京上海高速鐵路，中國）

經營連接北京和上海的高速鐵路的「京滬高速鐵路」，在2020年1月於上海證券交易所正式掛牌上市。這次上市共為京滬高鐵募得人民幣306億元（約新台幣1400億元）。京滬高鐵是中國國家鐵路集團旗下的鐵路公司。京滬高鐵於2011年開通營運，這條連接北京和上海的鐵路，單程最快只要4個半小時就能到達。中國的高速鐵路幾乎都是虧本經營，京滬高鐵卻能實現盈利。公開上市募得的資金後來被用於收購虧損的鐵路路線。

1990年，社會主義國家成立股票市場的新聞震驚了全世界。這項政策的目的是為了幫助在計畫經濟體制下走到死胡同的國有企業調度資金。直至2020年，在上海和深圳兩間交易所上市的公司數量合計超過4000家，顯示股份公司制也已在中國這個共產國家生根了。不過，長年虧損的國有企業股票就算直接上市，也很難找到買家。因此中國政府採取了把國有企業中有盈利的部門分割獨立成股份公司上市的方法。

母公司仍是虧損狀態

中國的鐵路本由鐵道部管轄，並由全國各地的鐵路局負責營運。當時中國很多鐵路路線都不賺錢，沒有政府的補貼就經營不下去。政治權力和地區開發糾纏不清的貪腐現象也十分氾濫。在2013年的行政改革中，中國鐵道部被撤銷，營運部門改組為中國鐵路總公司，變成國有企業，後來又在2019年改組為中國國家鐵路集團。這是一間由中國政府直接管轄的國有企業，簡稱為「國鐵集團」。

雖然已經企業化，但虧損的體質並非一朝一夕就能改變。後來中國開始在全國興建高速鐵路，到了2020年年底，總路段長已達3萬7900公里。預計要在2035年達到7萬公里的目標。這些路段幾乎都是賠錢營運，只有北京－上海段是少數有盈利的路段。2020年新冠疫情導致乘客人數大減，但京滬高鐵在2020年的純益仍有人民幣32億元（約新台幣143億元）。而中國國家鐵路集團則虧損人民幣555億元。

直接讓國有企業上市很難獲得投資人的信任。中國政府當年只讓有盈利的北京－上海高速鐵路成為股份公司上市，在資金調度上似乎是正確的判斷。相信今後的增資與發行公司債也會相當順利。中國政府的策略是用政府的財政支撐虧損的部門，然後讓賺錢的部門利用資本市場自己發展。

不透明且難以理解的企業關係

這種部分上市的現象，自中國股票市場成立以來便層出不窮。中國石油化工集團也同樣將獲利高的部門獨立為股份公司「中國石油化工」（Sinopec），在香港和紐約上市。子公司的股份公司雖然維持盈利，但母公司的中國石油化工集團卻不時陷入虧損。而且子公司上市後，母公司還常常實施「資產注入」，也就是將母公司有價值的事業（資產）轉移給子公司。每次都會讓子公司的股價上升。子公司從母公司那裡接手事業後，獲利和股利都會增加，對投資人而言自然是「贏家」。

但部分上市也有相反的情形。子公司有時也會悄悄把在市場募得的資金轉給母公司或相關公司的事業。畢竟中國政府之所以成立股票市場，本來就是作為幫虧損的國有企業募資的手段。這很容易讓人以為國有企業的母公司可以隨意挪用子公司的錢。因此也有公司跳出來說明，例如京滬高鐵就公開表示募得的資金將用於投資虧損的鐵路公司。部分上市制度愈來愈普遍後，中國國有企業集團內的企業關係變得愈來愈複雜難解。這是因為集團內的企業頻繁地合併或拆分，有時將部分的事業獨立成股份公司上市，有時又互相轉移資產。

上市企業和政府之間往往夾著好幾間公司。因為中國共產黨為了維持對企業的掌控權，必須讓官股企業或基金持有上市子公司一定的股份。以京滬高鐵為例，背後的大股東是中國鐵路投資公司，持股比率達49．76％（2019年）。而中國鐵路投資公司又是中國國家鐵路集團

圖9–2　中國國有股份有限公司的組成

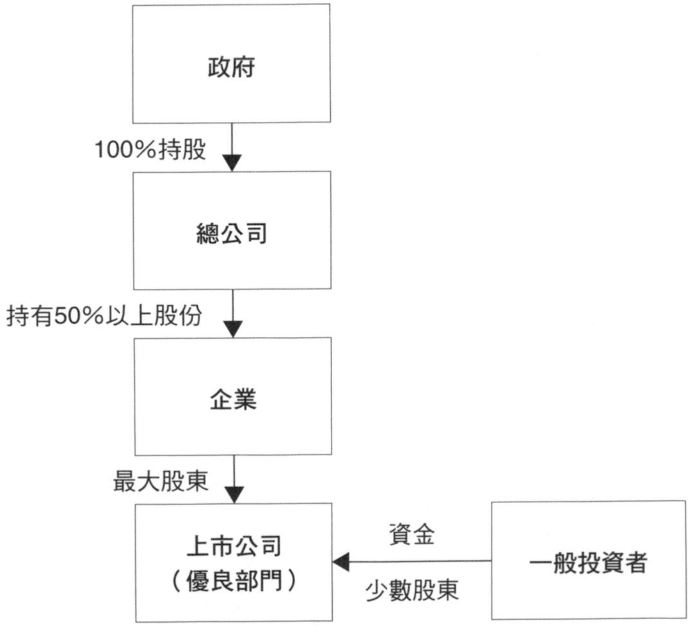

政府控制著整個企業，
只讓優良部門上市，並從民間募資

100%持股的子公司。中國鐵路集團本身則是中國財政部出資的國有企業。中間夾的企業愈多，關係就愈複雜，難以判斷到底誰握有真正的經營權。

中國國有企業的改革最初是以新加坡的淡馬錫模式為目標，但卻沒能建立像淡馬錫那樣簡單明瞭的組織。淡馬錫是在透過市場競爭實現盈利的明確方針之下，為旗下企業提高獲利，但中國卻沒有建立這樣的觀念。不同於新加坡，中國的國土廣大，企業規模也很大。官僚組織和既得利益集團會傾全力保護自己的利益和權力，因此比起追求公司整體的利益，維持既得利益者的權力才是企業的目的。

未來中國肯定會有更多的國有企業上市，且在規模和獲利方面都將成為世界數一數二的企業，並大大發揮其影響力。只要看京滬高鐵的例子就能知道，今後應該會有更多擁有智慧且現代化的企業陸續上市。然而，我們必須謹記這些公司的背後存在著許多外人無法得知的複雜政治關係。

3 產業育成基金＝國家集成電路產業投資基金（中國）

中國的半導體代工大廠中芯國際集成電路製造（SMIC）在2020年5月獲得國家基金注資。專門投資半導體產業的國家集成電路產業投資基金及其傘下的上海集成電路基金宣布，將對SMIC的子公司中芯南方集成電路製造注資22億5000萬美元（約新台幣663億元）。中芯南方原本擁有每月生產6000片14奈米晶圓的能力，未來將把產能提升到每月3萬5000片。

有一種商業模式是用國家基金投資企業，藉此來扶植培育企業。政府並非直接提供企業補助金，而是用間接的方式來援助企業。其中中國的國家基金不只由政府出錢，還會號召民間企業、金融機構、投資家一起出資，以提高基金的金額。政府的資金扮演拋磚引玉的角色，因此被稱為「政府引導基金」。政府引導基金會跟地方政府和企業聯手，成立多個子基金，讓企業能從多個基金得到大量的投資。

用「投資引導」全力扶植半導體產業

其中最受到注目的，是2014年以扶植半導體產業為目的成立的國家集成電路產業投資基金。集成電路就是積體電路的意思。除了中國財政部、工業和信息化部之外，國家開發銀行旗下的投資公司國開金融，以及中國移動等大型企業也都有出資，總規模達到人民幣1387億元（約新台幣6200億元）。國家集成電路產業投資基金在中國又叫做「大基金」。此外大基金旗下還有跟上海市政府一起設立的上海集成電路產業投資基金等，跟地方政府或企業聯手成立了許多子基金。

大基金對半導體企業的扶植有時是大基金獨自投資，有時是跟子基金一起投資。一般認為大基金的管理公司——華芯投資管理公司會參與決定投資標的。另外，2019年大基金二期募得了人民幣2041億元。根據東方財富證券公布的資料，至2019年為止，中國全國為扶植半導體產業而組成的基金總規模上看人民幣4651億元。

圖9–3　政府引導基金的企業培植

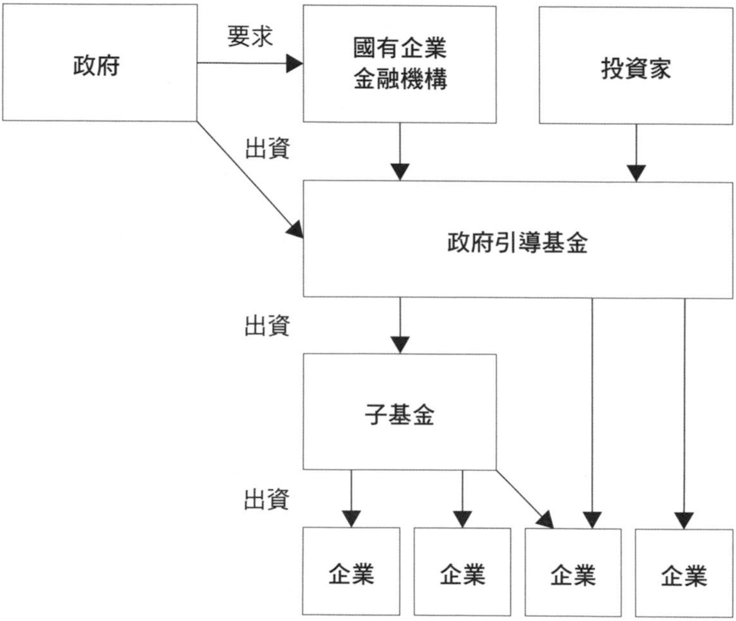

清華紫光集團是其中一間得到中國大基金出資而急速發展成長的企業。誕生自清華大學的紫光集團在2013年收購了設計手機晶片的展訊通信公司（Spreadtrum），並正式進軍半導體產業。紫光旗下的記憶體製造商長江存儲科技接受了大基金注資人民幣190億元，在武漢建立了工廠。而紫光集團在南京、成都的記憶體工廠也正在建造中。此外，雖然最後沒有實現，但紫光集團在2015年還提出了要收購美國的記憶體大廠美光科技（Micron）和Western Digital。能提出這兩宗收購案，顯示紫光手上擁有充裕的資金。

在晶圓代工部分，一如開頭介紹的事例，大基金也出資幫助SMIC擴充產能。若能在晶圓代工領域站穩腳步，就能使半導體中最重要的個人電腦和智慧手機用的CPU（中央處理器）國產化。大基金除了投資SMIC總部所在的上海（中芯南方），也投資了該公司位於北京（中芯北方）的工廠。而在晶片設計領域，大基金投資了負責設計指紋辨識晶片的深圳市匯頂科技（Goodix Technology）。大基金從半導體的設計、製造、材料到器材全都有投資，努力扶持上游到下游的半導體產業。而大基金二期則把重點放在國產化進展較慢的材料、製造機械領域。

儘管中國傾國家之力扶植半導體產業，但是2019年的國內半導體自給率反而下跌至15．7%（根據美國市調機構IC Insights的調查）。華為技術（Huawei）的子公司海思半導體（Hisilicon）雖然有設計智慧手機用的最先進晶片，但製造的部分仍是外包給台積電。2020年，美國禁止台積電替華為生產．提供晶片，華為馬上陷入窮途末路。由於沒有足夠的手機用晶片，華為手機在歐美市場的市占率也急速下降。別說掌握5G時代的霸權了，華為只有倒退的份。

對中國而言，半導體的生產是攸關國家安全的問題，為了維持不屈服於美國壓力的外交態度，中國必須盡快實現半導體國產化。而扮演橋接官民資金角色的政府引導基金，正是為了扶植半導體產業而出現的。

政府引導基金是否違背自由貿易？

除了半導體之外，中國還有創投基金和基礎設施基金等各種政府引導基金，根據日本經濟產業省的資料，2017年時已有1166間公司。這類政府引導基金常被批評是新的國家資本主義工具。政府引導基金扮演拋磚引玉的角色，除了政府資金外，也有許多來自企業的資金。雖然不完全是政府機關，但在中國這種政體的國家，一旦政府提出投資的要求，企業和法人投資者往往就必須跟進。所以實際上政府引導基金應可視為一種用國家資金運作的政府組織。來自政府引導基金的投資雖然不算補助金，但卻有著濃厚的政府金援色彩。

從自由貿易的角度來看，企業接受政府的資助，進而發動外銷攻勢或收購企業似乎有欠公平，但站在新興國家的立場應該不會覺得不妥吧。一如台積電（TSMC）每年的投資額都超過上億元，半導體產業勢必要有巨額的設備投資。新興國家的民營企業根本不可能準備那麼多的資金。若沒有政府的支援，光靠民間的力量不可能培植出半導體這種尖端產業，縮短跟先進國家之間的產業落差。新興國家或許只能永遠依附於先進國家。

事實上台灣的半導體產業也是在行政院（政府）的支持下扶植起來的。1987年台積電剛成立時，台灣的「行政院開發基金（現・行政院國家發展基金）」就是持股比率高達48%的大股東。國家發展基金就是行政院主導設立的產業育成基金。1980年代的台灣也一樣，光靠民間的力量不可能建立起半導體產業，而是有行政院在背後強力扶持。隨著台積電的成長，國家發展基金的持股比率逐漸下降，現在已降到6%左右。台灣半導體產業繁榮的源頭，正是官民一體的產業政策。

在經濟學中，政府對市場的干涉過去常被視為是對生產的傷害，是不具效率的模式。第二次世界大戰後，國家與企業結合的國家資本主義（又或是國家社會主義）則被視為財富分配不均或政商勾結的源頭，容易產生獨裁政府，在政治上也深受避諱。一直到20世紀後半以前，全球的潮流都是國家與企業分離，但進入21世紀以後卻大逆轉。新興國家的政府全都強力扶植本國產業，先進國企業逐漸被新興國企業打敗。

生產半導體會消耗大量電力，而韓國的電費不到日本的一半，對企業十分有利。雖然提供電力的韓國電力公社長期虧損，但虧損的部分有政府的補助金填補。現在也不時會聽到批評三星電子能維持獲利是靠便宜的電力所致。另外韓國也一直存在政府干預匯率的嫌疑。韓國企業一直享受著韓元貶值有利於出口的優勢。還有關稅也成了箭靶之一。有人批評現代汽車集團之所以能獨霸韓國國內市場，是因為韓國政府用汽車關稅阻擋進口車。不僅如此，中國更對外國網路公司進入中國市場祭出嚴格的限制，才讓阿里巴巴集團和騰訊不用跟外國企業競爭，得以成長為巨型科技公司。

在1980年代，日本也因為通產省和大藏省的產業政策與金融政策而被指責是扭曲市場經濟的「修正主義」，遭到歐美國家的強烈批評。受到批評後，日本便沒有再實施過明顯由政府主導的產業扶植政策。然而這段期間，韓國、台灣、中國等卻陸續出現接受政府支援的企業，並把日本企業打得落花流水。就連信奉市場經濟的美國政府也在2020年通過了500億美元的半導體產業補貼方案。

在討論被稱為國家資本主義的經濟體制是好是壞之前，日本人必須先認識到外國已經存在很多受到政府扶植的強大企業，而且日本企業必須與這些企業競爭。也許現在正是時候，讓日本重新思考國家與企業一體化的商業模式是否可行。

第10章

不斷的M&A
——經常性的事業重組

最後，筆者想來聊聊華人企業。華人企業常常什麼事業都要摻一腳，給人感覺很像舊時代的經營手法。另一方面，華人企業在擴張事業時，雖然愈來愈推崇所謂科學的商業模式，卻又會令人聯想到「先做了再說」的原始商業精神。

1 改變的核心事業＝力寶集團（印尼）

印尼的華人財團——力寶集團的創始人李文正（Mochtar Riady），在２０１０年收購了Bank Nationalnobu。這是一家在印尼全國只有大約１００多個據點的小銀行，但李文正認為要順利推動集團內的網路支付業務，還是必須擁有一間自己的銀行。力寶是由李文正一手建立的，原本是一間以銀行為中心的綜合企業。但在１９９７年到１９９８年的亞洲金融風暴中陷入經營危機，最終於２００５年退出銀行業，重生為房地產公司。

應該有不少日本人都對華人・華僑經營的企業感到難以理解。華人企業的經營階層常常靠家族予以鞏固，經營資訊也從不外流。這些公司會利用華人間的人脈關係，不知不覺中在全世界建立據點，然後跟當地的政治權力搭上線。它們的業務常常不斷改變，讓人搞不清楚這間公

表10－1　亞洲「富豪家族排名」（2020年）

排名順位	家族	企業	國家・地區	金額（億美元）
1	安巴尼家族（Ambani）	信實工業（Reliance Industries）	印度	760
2	郭氏家族	新鴻基地產	香港	330
3	謝氏家族（Chearavanont）	卜蜂集團	泰國	317
4	黃氏家族（Hartono）	針記菸草	印尼	313
5	李氏家族	三星	韓國	266
6	許氏家族（Yoovidhya）	TCP集團	泰國	242
7	鄭氏家族	周大福集團	香港	226
8	米斯垂家族（Mistry）	Shapoorji Pallonji集團	印度	220
9	包氏家族／吳氏家族	BW集團／會德豐	香港	202
10	施氏家族（Sy）	SM Investments	菲律賓	197

[出處] Bloomberg

司到底在做什麼。儘管如此，這些公司不但不會倒閉，還能不停賺錢。對習慣理性分析事物的人來說，華人企業的整個經營方式就像個謎。華人企業的共通點是擁有能迅速看出事業前景的眼光和快速的決策。

日本人具有職人精神，做生意時很重視腳踏實地不斷累積，而華人企業的風格則是就算快而不精也要先做做看再說。甚至捨不得花時間思考，總是馬上就採取行動。因為商機是不等人的。只要所有行業都做做看，總會挖到金礦的。失敗的話再重新來過就行了。

連祖業也可以拋棄

而最令人驚訝的是，華人對於所經營的事業沒有太大的執著。一旦不賺錢，就連起家的「祖業」也可以輕易捨棄。李文正是在印尼剛從荷蘭獨立的1950年代初期開始經商的。他最早從事的是貿易業。1959年，他買下一間小銀行進軍金融業，並經營過幾家銀行。到了1970年代中葉，他放棄一手培育的銀行，加入三林集團。接著又在三林集團內將中亞銀行（Bank Central Asia Tbk PT）培育成印尼最頂尖的銀行。

同一時期，他還參與了其他中堅銀行的經營，並用力寶銀行的名義重操舊業。1980年代末期，李文正離開三林集團，以力寶銀行為起點發展成擁有多家銀行、保險、證券的金融綜合企業。但沒過多久就遇到亞洲金融風暴，好不容易建立的金融帝國也隨之瓦解。然而，李文正沒有就此放棄。他把抵押給銀行的土地拿來開發，投入房地產業，靠著開發結合住宅和超市等商業設施的住商一體建案再次成功。隨後他又將事業拓展至醫院、大學、行動通訊、電子商務等領域，再次成為頂尖的華人財團。

中途改變祖業或核心事業的華人企業並不少見。馬來西亞的華人郭鶴年就是做食品貿易起家，後來才進軍製糖業。他成立馬來亞製糖公司，收購了馬來西亞的製糖廠。馬來亞製糖曾一度掌握馬來西亞糖業市場的80％，在全球的市占率也超過1成，並讓郭鶴年得到亞洲糖王之稱。但是，後來郭鶴年將事業重心轉向香格里拉酒店，在2009年賣掉了馬來亞製糖。現

圖10－1　華人企業的發展模式

核心事業的變遷

	祖業		發展期		擴大期
長江	製造塑膠花（製造業）	→	出租工廠（不動產）	→	通訊・電力（基礎建設）
卜蜂	販賣種子（貿易）	→	肉品加工（製造業）	→	通訊・超商（服務業）
力寶	進口腳踏車零件（貿易）	→	銀行（金融）	→	住宅銷售（不動產）

在已經沒人記得郭鶴年亞洲糖王的稱號，而改叫他酒店大王。

1950年代靠著製造塑膠花累積財富的李嘉誠，早早就看到塑膠加工業的局限。受到1966年開始的中國文化大革命影響，香港的房地產價格大跌。李嘉誠趁機大舉收購暴跌的房地產，並在1970年代成立房地產開發公司，開始快速崛起。1979年到1981年這段時間，李嘉誠收購了英系的和記黃埔公司，進軍港口和通訊等基礎建設事業。到了21世紀又陸續在歐洲收購其他的通訊公司。

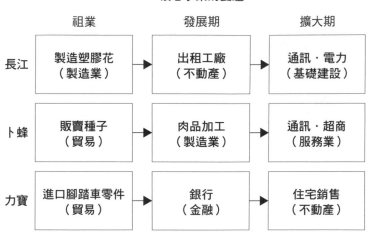

進出產業基本上利用M&A

華人企業能夠在短時間內切換事業，主要是靠著有效地利用M&A（企業間的合併・收購）。力寶最初進入銀行業的契機，也是靠著收購當時正在尋找買家的小銀行。而退出銀行業時，當然也是把力寶旗下的金融公司賣給別的金融集團來換成現金。李嘉誠躍升世界級大亨的契機也是收購和記黃埔公司。

在日本，直到1980年代的泡沫經濟破裂以前，很少公司會用M&A的方式來擴張事業，大都習慣從零開始，白手起家。當時的日本人把買賣企業視為一種不道德的行為，試圖收購別人的企業甚至會被社會大眾當成「強盜」。同一時期，在亞洲的華人企業間，M&A已是司空見慣的商業行為。當時亞洲各地的政治．社會局勢都不太穩定，無法像日本那樣投注心力慢慢培植產業。只要看到商機就要馬上抓住，商機消失就必須立刻撤退。

M&A才是拓展事業和重組事業的王道。華人企業經營事業就像買股票和債券一樣，會在很短的時間內更換公司的事業組合。以日本人的角度來看，應該會認為「要是李嘉誠當初沒有放棄，繼續經營塑膠加工事業的話，說不定就能成為合成樹脂界的大公司」。但香港企業家的思維可能是「李嘉誠是在大規模的製造業在香港這片狹小的土地到達極限前跳到別的事業，才有今天的成功」。

華人企業之所以能夠不斷浴火重生，正是因為懂得順應潮流，靈活地改變事業內容。李文正在銀行業擴大規模的時期，正好是印尼放寬金融管制的時候。李嘉誠透過收購和記黃埔公司進軍港口業的時期，正好是香港從加工貿易站轉型為連結中國和世界的貿易中心的時候。正因為這些公司都是私人公司，才能洞察時局的變化，馬上付諸行動。反觀日本企業則太過執著於事業的持續性，無論是進還是退，速度總是比別人慢。

2　多角化經營＝生力集團（菲律賓）

菲律賓最大的財團生力集團在不久前宣布，將在馬尼拉近郊建造一座巨型機場。這座總價7350億披索（約新台幣4100億元）的機場預計將在2025年開始營運。包含建設期間在內，將由生力集團經營50年。「新馬尼拉國際機場」共占地2400公頃，將分階段鋪設4條跑道。年吞吐量預計是尼諾伊・艾奎諾機場的2倍，可達1億人次。從總投資額來看，這是菲律賓史上規模最大的基礎建設項目。祖業是啤酒釀造的生力集團，正一口氣將事業版圖擴展到機場、鐵路、道路、電力、石油等產業。

過去日本有家企業的經營方式被外界稱為「Dabohaze經營法」。這家公司就是旭化成公司，1961年到1992年由宮崎輝擔任社長和會長。Dabohaze是一種小型的蝦虎魚。蝦虎魚是一種就身體比例來看嘴巴特別大的魚。由於這種魚大大的嘴巴幾乎什麼都吃，因此日本人便用「Dabohaze經營法」來揶揄企業毫無節制地投入新事業的經營方式。旭化成原本是一間化學纖維的製造公司，但在宮崎輝執掌的時代開始採取多角化策略，把觸角伸向化學品、建材、住宅、汽車零組件、電子零件、醫藥、醫療機器等領域。在1969年前後，纖維仍占旭化成營收的70%以上，但到了2010年已降至7%左右（《President》2010年8月16日號）。風靡一時的日本纖維製造公司在1960年代停止成長，紛紛展開多角化策略。其中尤以旭化成的多角化最為突出，所以才得到Dabohaze經營法的名號。

僅僅一年就變成另一家公司

現今在很多新興國家也能看到多角化經營。開頭提到的生力集團，是在菲律賓仍屬西班牙殖民地的1890年創立的老牌啤酒公司，在菲律賓的啤酒市場擁有9成的市占率。雖然生力集團擁有超過100年的釀酒歷史，但中間其實換過一次經營者。1980年代，生力集團前董事長愛德華多．許寰哥（Eduardo Cojuangco，2020年過世）增購股權，奪下了生力的經營權。之後許寰哥將生力公司交給蔡啟文（Ramon Ang）經營，並在2012年將大多數的持股轉讓給他。在蔡啟文的領導下，生力集團從飲料．食品公司搖身一變成為橫跨石油精煉、電力、基礎建設的綜合企業。

雖說同樣是多角化經營，但大多數的企業都是花費很長的時間慢慢把事業變得多元。然而，生力集團的轉型卻非常激進。2009年，生力集團仍有近9成的營收是來自飲料．食

圖10-2　多角化經營

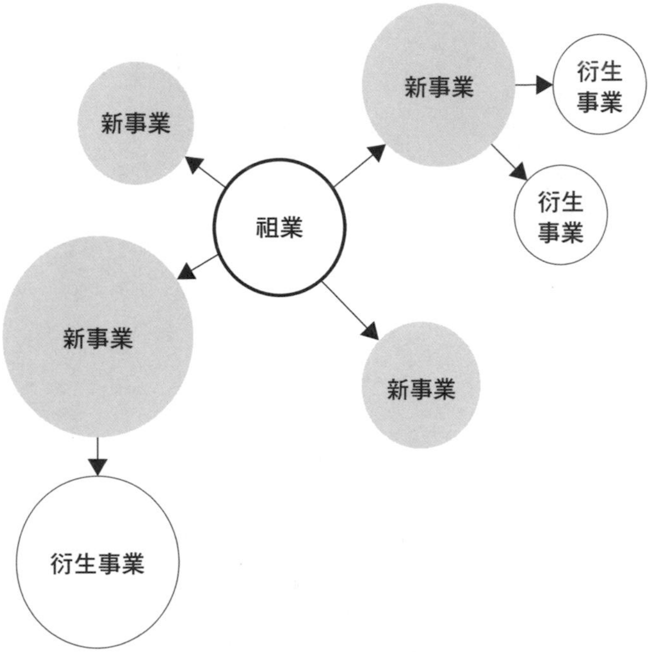

品。但到了2010年已有近5成的營收是來自石油，電力占了15%左右，飲料・食品的比例則跌至3成。這是因為生力集團在2010年收購了當時掌握菲律賓4成石油供應的佩特龍石油公司（Petron Corporation）。原本屬於子公司的SMC Global Power的發電事業也升格為主力事業。

大多數的多角化策略都是像第3章介紹的一樣，以進軍原本事業的相關產業為主。但生力集團在此之前完全沒有接觸過基礎建設事業，看似是在幾乎沒有任何知識、技術的狀態下展開多角化經營。在基礎建設方面，生力集團除了建造連接馬尼拉首都圈南北的高速公路外，還參與了穿越首都圈的鐵路建設。而現在最新的項目就是位於馬尼拉近郊的巨型機場。

由於缺乏基礎建設，菲律賓的經濟成長在東南亞一直排在後段班。原本像機場、高速公路、地鐵等交通建設應該由政府主導才對，但在菲律賓卻因資金不足而遲遲沒有進展。生力集團從中嗅到了商機。生力啤酒在菲律賓已幾乎壟斷市場，難以再有更多的成長。生力集團進軍基礎建設事業乍看有勇無謀，但其實算盤打得非常精。因為基礎建設完備後，就能吸引外資進入菲律賓，繼而又能提高基礎建設本身的使用率。

當然，生力集團的多角化經營也有很強的賭博成分在內。雖然生力集團一直都有穩定的現金收入，但也砸了很多錢在新事業上。2020年，生力的投資現金流支出就大於營業現金流收入，造成自由現金流出現了赤字。雖說這種情況在處於成長期的企業十分常見，但從資金的角度來看就像在走鋼索一樣。

（註）表示資金流向的現金流分為3種：顯示營業活動資金進出的營業現金流、顯示投資資金流向的投資現金流，以及向銀行借貸或向股東配息等的財務現金流。企業靠營業活動賺錢，進行投資活動則需要花錢，所以通常營業現金流是正的，而投資現金流是負的。自由現金流則代表可以自由使用的資金，基本上等於營業現金流和投資現金流（負值）的總和。自由現金流也可以理解為企業賺到的錢減去投資花費後剩下來的錢。一般而言企業會控制投資活動使用的錢，不會讓它超過營業活動賺到的錢。所以自由現金流會是正的。企業的自由現金流愈多，代表

手頭的現金愈多。持續積極從事投資的企業，自由現金流大多是負的。此時就必須向銀行借錢，透過財務活動來增加資金。

選擇與集中的弊病

當然也有人會批評，多角化經營只有在經濟成長率高的新興國家才能實現。在先進國家，大多數的產業都已經成熟，除了IT等尖端產業外，其他產業不太可能有快速的成長。主流看法可能會認為應該專注於本業，以確保穩定的獲利。尤其經歷過泡沫經濟崩壞後，多角化經營在日本的評價一落千丈。早年多數日本企業靠著跟銀行借錢來實現事業多角化經營，但絕大多數的事業最後都不賺錢。這些公司花了整整10年的時間才收掉沒有前景的新事業並縮小過剩的生產力。後來日本開始流行「選擇與集中」的策略，精簡業務範圍，只有投資報酬率高的新事業才被留下來。

然而，若每間公司都只固守自己傳統的事業，國家就很難誕生新的產業。韓國的三星在進軍烘焙業時，也被批評是去搶自營業者的生意。雖然反對大財團搞壟斷的確有道理，但無疑正是這種拓展事業版圖的野心為三星集團注入了活力。在日本，對於一味增加儲蓄而不敢拿錢去投資的消極企業，批評的聲浪愈來愈大。

現代日本企業最接近多角化經營的，當屬孫正義所領導的SoftBank集團。SoftBank集團經常投資全球的IT新創公司。該集團的自由現金流從2013年起就一直是負的，可見其投資金額之多。雖然SoftBank對中國阿里巴巴集團的投資非常成功，但也曾砸大錢買下英國的Arm公司，結果又為了確保資金而再次脫手，可以說是大起大落。站在股東和員工的立場，SoftBank這樣的企業並不理想，但以成長為基準來思考企業經營的話，孫正義的積極投資確實值得借鑑。

3　現金流經營＝長江集團（香港）

香港的大型綜合企業——長江和記實業（CK Hutchison Holdings Limited）集團，在2020年以100億歐元（約新台幣3100億元）的價格將歐洲的基地台事業賣給西班牙的電信巨頭Cellnex Telecom。該公司旗下的電信事業公司CK Hutchison Networks（盧森堡）在英國等6個歐洲國家合計共擁有2萬5300座基地台。Cellnex除了用現金之外，還會發行新股用來支付這筆交易。由李氏家族經營的長江集團自2010年起陸續收購歐洲的電信公司。但後來這些基地台成為各電信公司經營困難的主因，於是長江集團決定分割並賣掉基地台業務來降低成本。

由李嘉誠創立的長江集團採取了迥異於其他華人財團的經營手法。雖然他跟其他財團一樣積極投資新事業，但卻始終非常重視公司的現金流。李嘉誠本人很少接受媒體的採訪，但每次在採訪中都強調「經營公司最重要的就是現金流」。

相對於其他華人財團不惜讓現金流呈現赤字也要推動多角化經營，長江集團只投資能為公司帶來現金流量的事業。因此長江集團手上總是保有充裕的現金，就算外部環境變差，也不會像其他華人財團一樣陷入無錢周轉的困境。在1997年的亞洲金融風暴中也只有受到輕微的影響。

投資進入門檻高的受管制產業

如同開頭的事例所述，長江集團（CK Hutchison）在歐洲各國收購了多間電信公司，包含O2、Orange Austria、Wind Tre（義大利）等等，在歐洲6個國家經營通訊事業。除此之外，長江集團也投資了英國的天然氣公司、英國的自來水公司、荷蘭的廢棄物處理公司等俗稱公共產業的領域。即使是在景氣不好的時候，公共產業也能保證有一定的現金收入。而且很多時候為了公益性考量，政府對公共產業會設下比較嚴格的規範。有規範的話，進入的門檻就會提高。

長江集團會迅速處理掉現金收入可能減少的事業。在通訊業迎來5G（第5代行動通訊技術）時代後，基地台勢必要更換新的硬體設備。自從進入4G時代開始，各大電信商就為了高昂的基地台設備投資所苦，使得公司收益受到壓縮。而進入5G時代後，硬體投資成本又更高。許多電信商開始賣掉自家的基地台，與其他公司共享基地台來降低成本。長江集團旗下的歐洲電信公司也將基地台賣給Cellnex，藉以減輕負擔，並跟Cellnex共用通訊設備。

另外，2020年長江集團的子公司長江基建集團（CK Infrastructure Holdings）等集團企業還賣掉了葡萄牙的風力發電公司Iberwind。2015年隸屬於長江集團的長江基建以2億8800萬歐元收購了Iberwind。但後來葡萄牙宣布將在2027年停止以固定價格收購電力，並改為透過市場價格來決定電力的收購。考慮到現金收入變動的風險，長江集團才決定早早處理掉該業務。

一般常說企業的自由現金流愈充足，經營就愈穩定。根據雅虎金融的資料，長江集團的自由現金流（2017年以後）在2020年達到435億港幣（約新台幣1600億元），連續3年均呈現增長。與其他頂尖華人企業的卜蜂、力寶、生力的現金流相比，便能一眼看出長江集團的財務能力何其雄厚。力寶集團的自由現金流長期都是負值，生力集團也在2020年由正轉負。卜蜂集團則是在2017年、2018年連續兩年都是赤字。雖然可以解釋成這些公司非常積極地投資，但這個數字也顯示出它們的投資報酬率很低。

李嘉誠的學歷只有國中畢業，是名副其實的白手起家。他根本沒有機會在大學等高等教育機構學習近代的現金流經營知識。他是在實踐的過程中體認到現金收入的重要性。而這個轉機就是1977年的地鐵站地上物業興建權標案。當時香港正在興建地下鐵，許多香港房地產開發公司都看上了位於市中心的中環站和金鐘站的開發案。這時李嘉誠的長江集團還不是什麼大型開發商，大家都認為會由其他大公司奪下這個標案。

地下鐵路公司（MTRC）用6億港幣從當時的政府香港政廳那裡取得了多塊用地。而香港政廳規定MTRC必須用現金繳納這6億港幣，李嘉誠看出了MTRC對現金的渴望。蓋好地鐵大樓後只租不賣的傳統模式很難馬上拿到現金。所以李嘉誠提出在大樓完工後分層出售的方案。如此一來就能馬上回收現金。MTRC和長江的出資比例則設定成51比49，對MTRC更有利。結果李嘉誠成功拿下這次的標案打響了名號，接著又在1980年代成功收購英系的和記黃埔公司，成為香港最具代表性的企業集團。

先預測要進軍的產業和要收購的企業未來的現金收入，再決定是否要投資，這是美國企業的做法，也是近代的經營方式。而李嘉誠一邊買賣公司一邊調整事業組合的商業模式，在亞洲可算是先驅者。不依賴經驗或直覺，而是冷靜地計算利益，然後不斷大膽地進行M&A。這大概就是長江集團在香港暴動、回歸中國、金融風暴、反中遊行等接連不斷的危機中，還能持續成長的祕訣吧。

圖10－3　反覆不斷的M&A

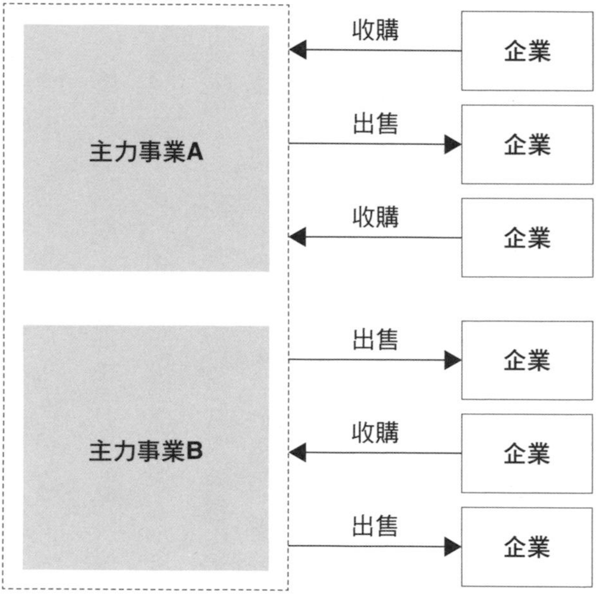

觀察企業的盈利能力並反覆收購和出售

大膽投資新創企業

不過，也有人覺得李嘉誠的投資風格太過穩健，缺乏夢想和浪漫。反觀印尼的力寶集團開闢了大片土地，正在興建一座名為「Meikarta」的百萬人口都市；生力集團正在幫政府於馬尼拉近郊興建巨型機場；卜蜂集團則在泰國東北部經營生產線長達8公里以上，從食肉處理到食品調理一條龍生產的巨大工廠。這些全都是足以改變社會的大型事業。反觀長江集團以現金流至上的企業經營方式，不禁讓人覺得有點無趣。

然而，李嘉誠其實還有另一

個身分，那就是新創企業投資家。李嘉誠在2006年成立了一家名叫維港投資（Horizons Ventures）的投資公司，將個人的資產拿出來投資。維港投資專門投資剛創立且未上市的科技公司。例如在2007年就投資過當時仍未上市的Facebook，且後來對許多剛起步的新創公司的投資都大獲成功。

像是開發人工智慧（AI）的DeepMind、研究語音辨識技術的Siri、提供語音・視訊會議服務的Skype、研發植物肉的Impossible Foods、串流音樂平台Spotify，都曾接受過李嘉誠的投資。而這些公司的服務或產品都或多或少改變了這個世界的樣貌。據說維港的投資方式是由李嘉誠的合夥人負責挑選投資對象，而李嘉誠本人只負責出錢。雖然李嘉誠對自己的事業十分小心謹慎，但身為一名投資者他卻十分大膽開放，願意支持年輕創業者的夢想和浪漫。

2020年，李嘉誠重返《富比士》雜誌公布的香港富豪榜第一名。根據彭博社的報導，李嘉誠握有美國提供視訊會議服務的Zoom Video Communications 8・5%的股份，該公司在股價上升後，市值高達110億美元（約新台幣3200億元）。據說占李嘉誠總資產的3分之1左右。在新冠肺炎疫情導致辦公室和學校關閉，遠距會議在全球日益普及後，提供遠距視訊會議服務的Zoom，營收便急速攀升。

李嘉誠對本業的投資和對新創企業的投資，兩者風格截然不同，但同樣都很賺錢。正因為李嘉誠將穩健和浪漫這兩個做生意的重要元素加以融合，才在香港得到了「超人」的綽號。

謝詞

在1991年到2018年這段期間，筆者有幸以記者的身分採訪了以下幾位公司的創始人。

台積電（張忠謀先生）、廣達（林百里先生）、宏碁（施振榮先生）、TCL（李東生先生）、卜蜂（謝國民先生）、統一企業（高清愿先生，已故）、佐丹奴（黎智英先生）、力寶（李文正先生）、盈科拓展（李嘉誠的次子李澤楷先生）。

當中也有許多位更是不只採訪了一次。這些採訪所得，後來成為筆者撰寫本書的基礎。在此向上述幾位創業者致上最深的謝意。

參考文獻

＊因本書並非學術刊物，此處僅列出主要參考的論文、報導與書籍。並對各篇文獻的執筆者致上謝意。

【日文文獻】

〈書籍〉

桂木麻也（2019）《ASEAN企業地図 第2版》翔泳社。
黃未來（2019）《TikTok　最強のSNSは中国から生まれる》ダイヤモンド社。
吳曉波著，箭子喜美江譯（2019）《テンセント　知られざる中国デジタル革命トップランナーの全貌》プレジデント社。
慎武宏、河鐘基（2015）《ヤバいLINE　日本人が知らない不都合な真実》光文社。
坪井ひろみ（2006）《グラミン銀行を知っていますか　貧困女性の開発と自立支援》東洋經濟新報社。
湯馬斯・佛里曼（Thomas Friedman）（2010）《フラット化する世界〔普及版〕（上）経済の大転換と人間の未来》伏見威蕃譯，日本經濟新聞出版。
畑村洋太郎、吉川良三（2009）《危機の経営　サムスンを世界一企業に変えた3つのイノベーション》講談社。

松崎隆司（2020）《ロッテを創った男　重光武雄論》ダイヤモンド社。
穆罕默德・尤努斯（Muhammad Yunus）、艾倫・喬利斯（Alan Jolis）（2015）《ムハマド・ユヌス自伝（上）》豬熊弘子譯，早川書房。
安田峰俊（2016）《野心　郭台銘伝》プレジデント社。
由曦著，永井麻生子譯（2018）《アント・フィナンシャルの成功法則"アリペイ"を生み出した巨大ユニコーン企業》，CCC Media House。
湯之上隆（2013）《日本型モノづくりの敗北　零戦・半導体・テレビ》文藝春秋。
吉川良三（2011）《サムスンの決定はなぜ世界一速いのか》KADOKAWA。
黎萬強（2015）《シャオミ　爆買いを生む戦略》藤原由希譯，日經BP。

〈論文・報告・報導〉

朝元照雄、小野瀬擴（2014）〈台湾積体電路製造（TSMC）の企業戦略と創業者・張忠謀〉九州産業大學《産業経営研究所報》第46卷。
https://www.kyusan-u.ac.jp › imi › publications › pdf
大塚茂（1998）〈アジアのアグリビジネス〉《島根女子短期大学紀要》第36卷。
https://ushimane.repo.nii.ac.jp/?action=pages_view_main&active_action=repository_view_main_item_detail&item_id=558&item_no=1&page_id=13&block_id=21
大橋弘、遠山祐太（2012）〈現代・起亜自動車の合併に関する定量的評価〉《RIETI Discussion Paper Series》12-J-008。https://www.rieti.go.jp/jp/publications/nts/12j008.htm

川上桃子（２００５）〈台湾パーソナル・コンピュータ産業の成長要因—ＯＤＭ受注者としての優位性の所在—〉日本貿易振興機構亞洲經濟研究所《東アジア情報機器産業の発展プロセス》第1章。
https://www.ide.go.jp/library/Japanese/Publish/Reports/InterimReport/pdf/2004_01_06_01.pdf

岸本千佳司（２０１５）〈台湾半導体産業におけるファウンドリ・ビジネスの発展—発展経緯、成功要因、ＴＳＭＣとＵＭＣの比較—〉亞洲成長研究所Working Paper Series・Vol.2015-08。
https://agi.repo.nii.ac.jp/?action=pages_view_main&active_action=repository_view_main_item_detail&item_id=52&item_no=1&page_id=13&block_id=21

北野陽平（２０１９）〈インドネシアにおけるＰ２Ｐレンディングの発展と金融包摂〉《野村資本市場クォータリー》２０１９年夏日號。
http://www.nicmr.com/nicmr/report/repo/2019/2019sum14.pdf

經濟産業省（２０１９）《通商白書２０１９》（第2章）〈自由貿易に迫る危機と新たな国際秩序の必要性〉
https://www.meti.go.jp/report/tsuhaku2019/pdf/2019_zentai.pdf

國際協力銀行、海外投融資情報財團（２００７）〈イスラム金融の概要〉
https://www.joi.or.jp/pdf/0704_IslamicFinance.pdf

佐藤幸人（２００２）〈台湾：エイサーの戦略とグローバリゼーション〉日本貿易振興會亞洲經濟研究所《発展途上国の企業とグローバリゼーション》第7章。
https://core.ac.uk/download/pdf/288461945.pdf

佐野淳也（2020）〈中国の産業支援策の実態―ハイテク振興重視で世界一の強国を追求―〉《JRIレビュー》Vol.3，No.75。
https://www.jri.co.jp/MediaLibrary/file/report/jrireview/pdf/11597.pdf

澤田貴之（2017）〈フィリピンのコングロマリットと多角化戦略―JGサミット・グループとサンミゲル・グループを中心にして―〉《名城論叢》7月號。
http://wwwbiz.meijo-u.ac.jp/SEBM/ronso/no18_1/04_SAWADA.pdf

鹽地洋（2016）〈新興国におけるモータリゼーションの析出方法―標準保有台数とSカーブを指標として―〉《アジア経営研究》第22卷。
https://www.jstage.jst.go.jp/article/jamsjsaam/22/0/22_4/_pdf

週刊東洋經濟（2015）《斜陽の王国　サムスン》週刊東洋經濟e商業新書No.135，東洋經濟新報社。

徐誠敏（2012）〈先進国市場と新興国市場におけるサムスン電子の躍進要因に関する研究〉
https://www.fujifilm.com/fb/company/social/next/foundation/pdf/697_2009.pdf

鳥居塚和成〈インドにおけるBOP市場とCSV～ヒンドゥスタン・ユニリーバを代表例として～〉。
http://www2.econ.tohoku.ac.jp/~takaura/19toriitsuka

中川威雄（2013）〈中国最大の製造業『フォックスコン』のものづくり〉《素形材》Vol.54，No.6。

http://sokeizai.or.jp/japanese/publish/200706/201306nakagawa.pdf

中村みゆき（２０１１）〈政府系ファンド（ＳＷＦｓ）における投資戦略—シンガポール・テマセク持株会社の事例を中心に—〉《創価経営論集》第35巻，第１・２・３號。
https://www.soka.ac.jp/files/ja/20170419_144304.pdf

日本經濟新聞〈私の履歴書　タニン・チャラワノン〉２０１６年7月1日～31日。

瑞穂銀行産業調査部（２００８）〈ＩＴ産業におけるインドを核としたグローバル化の潮流〉《みずほ産業調査》Vol.28，No.2。
www.mizuhobank.co.jp/corporate/bizinfo/industry/sangyou/pdf/1028_01.pdf

御手洗久巳（２０１１）〈韓国企業のグローバル経営を支える組織・機能　サムスン電子を事例として〉《知的資産創造》11月號。
https://dl.ndl.go.jp/view/download/digidepo_8308826_po_cs20111104.pdf?contentNo=1&alternativeNo=

楊永良（２０１７）〈中国国有企業ガバナンス改革の視点—シンガポール・テマセクモデルを参考に—〉《六甲台論集 法学政治学篇》64（１）。
http://www.lib.kobe-u.ac.jp/repository/81009962.pdf

【英文文獻】

〈書籍〉

Renu Saran（2011）, *Narayana Murthy and The Legend of Infosys*, Diamond Pocket Books.
Ritu Singh（2013）, *N R Narayana Murthy: A Biography*, RAJPAL&SONS.

〈論文・報告〉

Erran Carmel（2006）, "Building Your Information Systems from the Other Side of the World: How Infosys Manages Time Zone Differences," University of Minnesota, *MIS Quarterly Executive* Vol 5. No. 1/ Mar. 2006.
http://fs2.american.edu/carmel/www/papers/timeinfosys.pdf
Temasek Review, 2004-2020.
https://www.temasek.com.sg/en/our-financials/library/temasek-review

【中文文獻】

〈書籍〉

孫力科（2017）《任正非傳》浙江人民出版社。

〈論文・報告〉

東方財富證券（2019）〈電子設備行業專題研究　大基金一期投資碩果累累，二期蓄勢待發〉。
https://pdf.dfcfw.com/pdf/H3_AP201912311373119321_1.pdf?1577789587000.pdf

作者簡歷

村山　宏（Murayama Hiroshi）

日本經濟新聞編輯委員。

1986～1987年，前往上海復旦大學法學系留學；1989年，自早稻田大學法學系畢業，進入日本經濟新聞社。歷任香港分局記者、台北分局長、亞洲編輯總局編輯部長兼編輯委員（駐曼谷）之後，擔任現職。除此之外，亦長年在日經的英文媒體NIKKEI Asia以及中文媒體的日經中文網上撰寫文章。

個人主要著作有《中國　人口減少的真實》（Nikkei Premiere，2020年）、《不一樣的報導 中國：繁榮的背後》（Nikkei Business People Bunko，2002年）、《從中國「內地」出發》（1999年，日本經濟新聞社）〈以上書名均為暫譯〉。

打造新全球標準的亞洲商業模式

台積電、鴻海、三星、小米……
從30家代表性企業的戰略看懂翻轉世界的新勢力！

2022年6月1日初版第一刷發行

作　　者　村山 宏
譯　　者　陳識中
主　　編　陳正芳
美術設計　黃瀞瑢
發 行 人　南部裕
發 行 所　台灣東販股份有限公司
＜地址＞台北市南京東路4段130號2F-1
＜電話＞（02）2577-8878
＜傳真＞（02）2577-8896
＜網址＞http://www.tohan.com.tw
郵撥帳號　1405049-4
法律顧問　蕭雄淋律師
總 經 銷　聯合發行股份有限公司
＜電話＞（02）2917-8022

TOHAN

國家圖書館出版品預行編目資料

打造新全球標準的亞洲商業模式：台積電、鴻海、三星、小米……從30家代表性企業的戰略看懂翻轉世界的新勢力！/ 村山宏著；陳識中譯. -- 初版. -- 臺北市：臺灣東販股份有限公司, 2022.06
219面；14.7×21公分
譯自：新たな世界標準：アジアのビジネスモデル
ISBN 978-626-329-243-7（平裝）

1.CST: 企業 2.CST: 企業管理 3.CST: 亞洲

494　　111006097